Die Sprache der Farben

Vom Wesen des Lichts und der Farben in Natur und Kunst

Von

Heinrich Frieling

Mit 6 Abbildungen

München und Berlin 1939
Verlag von R. Oldenbourg

Druck von R. Oldenbourg, München

Dem Gedenken meiner Mutter

Vorwort.

Fragen wir einen Maler, was die Farben ihm bedeuten, so wird er uns eine ganz andere Antwort geben als der Physiker; für jenen sind sie künstlerisches Ausdrucksmittel, für diesen aber nur subjektive Empfindungen von Lichtstrahlen verschiedener Wellenlänge. Beide, der Maler und der Physiker, sehen aber nur einen Teil der ganzen Erscheinung, sie erfassen gewissermaßen nur den Ausschnitt, den sie von ihrem Blickpunkt aus erkennen können, oder sie sind — biologisch ausgedrückt — jeweils in ihrer Eigenwelt befangen. Je nach dem Standpunkt, den wir einnehmen, erhalten ja die Dinge der Umwelt eine verschiedene Bedeutung; so ist eine Zwirnsrolle für die Mutter etwas ganz anderes als für das Kind, das darin ein willkommenes Spielzeug sieht. Für einen Neger aus dem Inneren Afrikas war eine Leiter, wie Baron Uexküll[1]) berichtet, nichts als ein Holzding mit Stangen und Löchern; für jeden Menschen aber, der die Abstimmung der Leiter auf das Klettern kennt, ist sie eben ein Kletterding. Vom Standpunkt des bloßen Merkens können wir nicht immer auch die Wirkseite eines Dinges erkennen. Für ein Kind kann ja ein Buch unter Umständen Baustein oder gar Schlagwaffe sein; denn für den, der nicht lesen kann, bleibt eben nur diese Bedeutung des Buches übrig — und trotzdem ist weder die eine noch die andere Ansicht falsch oder richtig, sondern ein Ding verrät um so mehr über sein Wesen, von je mehr Seiten wir es ansehen. Wir müssen es in möglichst allen Sinnen spiegeln lassen, um ein vollkommenes Bild zu erhalten.

Deshalb stellen wir uns auch in diesem Buch, das über Licht und Farben sprechen will, nicht etwa — wie es das Gegebene zu sein scheint — allein auf den Standpunkt des Physikers. Denn er allein ist ebensowenig wie der Maler berechtigt, von seinem Blickpunkt aus etwas Letztes und Allge-

[1]) Streifzüge durch die Umwelten der Tiere. Berlin 1934.

meingültiges über das Licht auszusagen. Wir versuchen vielmehr, der Fülle des Lichts unseren ganzen Menschen gegenüberzustellen, mit allen seinen Sinnen, mit dem prüfenden Verstand, mit der empfindsamen Seele. Nur so ist, glauben wir, eine organische Zusammenschau möglich; denn nicht aus den feinsten Verästelungen einer Wissenschaft läßt sich der Baum des Lebens verstehen, sondern das Ganze kann nur aus dem Ganzen verstanden werden, nicht aus den letzten Einheiten und Gliedern. Um das, was Wasser ist, wirklich zu erkennen, genügt es nicht, den Chemiker zu fragen. Was vermag denn der Seemann, der Meteorologe, der Strömungsforscher, der — Badegast mit der Aussage anzufangen, daß es aus Wasserstoff und Sauerstoff besteht? Gerade das, was das Wesen des Wassers ist, nämlich flüssig zu sein, eignet den Bestandteilen — an sich Gasen — in keiner Weise; das Wesen läßt sich nie aus den Teilen erkennen. Immer muß die Erscheinung selbst im Brennpunkt der Betrachtung stehen. Von ihr müssen alle Einzeluntersuchungen ausgehen, wobei der exakte Forschungsweg notwendig vom Wesen jener Erscheinung wegführt.

Das Wesen des Lichts und der Farben kann deshalb auch nicht aus dem den Physiker allein angehenden Wellencharakter verstanden oder gar erklärt werden, denn elektrische Schwingungen haben als mit dem Auge nicht unmittelbar wahrnehmbare Wellen mit dem Wesen des Lichts und der Farben nichts zu tun, sondern entsprechen einem von der Farbenempfindung gänzlich verschiedenen Wahrnehmungsinhalt. — Wir werden dementsprechend die Erscheinung aufsuchen, wo immer wir sie auch finden, und werden versuchen, die Vielgestaltigkeit der Erscheinungs- und Betrachtungsweisen auf die Grunderscheinung zurückzuführen. Nur von hier aus wird es aber auch möglich sein, zwischen den einzelnen Forschungsgebieten und zwischen Wissenschaft und Kunst Brücken zu schlagen.

Die Endergebnisse einer doch notwendig gebietsmäßig begrenzten Wissenschaft dürfen nie die einzige, „wahre“ Grundlage für ein Weltbild abgeben, denn die Wissenschaften selber zeigen ja auch nur einen Pfad auf den Gipfel der Erkenntnis an; es führen aber viele Wege nach oben, und alle diese Wege gewähren wieder andere Ausblicke. Nur sie alle zusammen können ein wahres Bild ergeben. Wahrheit ist nicht allein die Zergliederung bis ins Letzte, sondern auch das künstlerische Erfassen der höheren, die Ganzheit bestimmenden Gesetzmäßigkeiten.

Der Drang nach einer Zusammenschau und Verbindung ist seit jeher gerade im Deutschen stark gewesen, und es war ja auch bezeichnenderweise Goethe, der als erster eine wirklich umfassende Farbenlehre[1]) schrieb, die für den Physiker wie für den Physiologen und Maler in gleicher Weise bedeutsam war oder es doch hätte sein können. Aus der Urscheidung von Licht und Finsternis entwickelte Goethe die Farben, entstehend an etwas Trübem, selbst schattigen und lichten Charakters. Eine beleuchtete Trübe vor einem dunklen Hintergrund (Atmosphäre vor dem finsteren Weltenraum) ergibt die Farbe Blau (Himmel!), während eine vom Hellen durchleuchtete Trübe gelb bis rot erscheint (untergehende Sonne). Den Bezug des Blauen zur Finsternis und des Gelben und Roten zum Licht stellte Goethe nun auch rein erscheinungsmäßig an den farbigen Rändern fest, die man an Gegenständen erblickt, wenn man sie durchs Prisma ansieht. Ins Lichte hinein strahlt dann das Gelb, ins Dunkle aber zieht sich das Blau zurück. Diese Beobachtung ist an sich vollkommen richtig, auch wenn die Physik hier nur von überlagerten Bildern spricht, die das Prisma in jeder Spektralfarbe liefert. Goethe baut seine Farbenlehre aber gerade auf jene reinen Erscheinungen auf, auf die Polaritäten Licht und Finsternis, Gelb und Blau, und läßt sich das Gelbe über Orange und das Blau über Violett zum reinen Rot steigern. Dadurch aber erhält er im Gegensatz zur Physik eine bestimmte Farbenwertung, die es erlaubt, auch die Farbe als Ausdrucksmittel in der Kunst zu verstehen; andererseits erzielt Goethe durch das Aufzeigen der Polarität wichtige Hinweise zur Erklärung der physiologischen Kontrasterscheinungen aus dem Wesen des Farbigen heraus.

[1]) Zur Farbenlehre. Cotta 1810. — Goethes Farbenlehre, hrsgeg. u. eing. von H. Wohlbold. Jena 1932. — Ferner die Ausgaben: Goethes Naturw. Schriften, hrsg. v. R. Steiner, Stuttgart 1921. — Goethes Farbenlehre, hrsg. von G. Ipsen, Leipzig 1925. — Zur Beurteilung der Druckgeschichte ist wichtig der Privatdruck von Günther Schmid, Schicksal einer Goetheschrift. — Burg Giebichenstein 1937.

Goethes Farbenlehre hat ein tragisches Schicksal gehabt, und auch heute sehen die Goetheforscher in ihr im Grunde kaum mehr als einen Beweis für Goethes umfassendes Interesse; die Naturwissenschaftler aber halten die Farbenlehre geradezu für erwiesen falsch, weil die physikalischen Grundlagen (die behauptete Einheitlichkeit des weißen Lichts, das nach der Physik aus allen Farben zusammengesetzt ist) trotz an sich richtiger Beobachtungen nicht stimmen. Höchstens erkennt man dem Kapitel über die sinnlich-sittliche Wirkung der Farben noch einen Wert für den Maler zu, der aber heute immer seltener die Grundlagen der Goetheschen Vorstellungen in seinem Schaffen verwertet [1]).

Die Farbenlehre gehört nun aber zweifellos so innig zum Gesamtwerk Goethes, daß man mit ihr auch den „Faust" ablehnen müßte. Man versteht sie entweder in allen ihren Kapiteln und in ihrem tiefen Bezug auf Goethes dichterisches Schaffen, oder man versteht sie nicht wie Du Bois-Reymond [2]) und viele andere, die aber nicht alle den Mut fanden, etwa auch den „Faust" abzulehnen. — Goethe wollte die Erscheinung nur selbst anschauen und in ihr das Urphänomen, die höhere Gesetzlichkeit erblicken. Er sah mehr als Newton [3]), er sah in Licht und Finsternis die Urkräfte, in den Farben Taten und Leiden des Lichts, während für den Physiker dies alles nichts als Wellenschwingungen sind. Für Goethe blieb es unverständlich, wenn man die Phänomene ihres eigentlichen Wesens entkleidete, um den Rest als einzige Wirklichkeit, als objektive Wahrheit, ja als Grundursache anzusehen. Gewiß tat Goethe dem großen Sir Isaac Newton Unrecht, wenn er ihn gleichsam als „Betrüger" hinstellte, der ein ganzes Jahrhundert an der Nase herumführen wollte. Goethe sah nicht, daß man auch so fragen darf, wie es Newton tat, um das Spektrum zu verstehen und zu analysieren, er glaubte nur, wenn einer nach dem Lichte fragte, dann müsse er notwendig

[1]) Ein ausgezeichnetes „Praktikum" zum Studium von Goethes Farbenlehre geben die „Briefe zur Farbenlehre" von Kunstmaler J. Hebing, Berlin, der auch das nötige Studienmaterial seinen Interessenten vermittelt.

[2]) Reden. Leipzig 1886.

[3]) Optics, or a Treatise of the Reflections, Refractions, Inflections and Colours of Light, 2. Aufl., London 1718 (lat. Orig. 1706). Ostwalds Klassiker der exakten Wissenschaftten. Leipzig.

damit das auf das Auge wirkende Wesen des Lichts meinen. Das aber wieder suchte Newton gar nicht, er „sezierte“ das Licht nur, nachdem er es in einem bescheidenen Strahl im verdunkelten Laboratorium aufgefangen hatte, eine Untersuchungsweise, die Goethen wie eine Vergewaltigung des Lichtwesens vorkam.

Will man einem Menschen gerecht werden, so wird man sein Wesen nie durch Sektion finden, sondern dazu müssen wir die Taten und den Charakter des Menschen betrachten. So war auch Goethe in der Farbenlehre der Psychologe und Wesensdeuter, während Newton der Anatom des Lichts war. Beider Fragestellung war und ist berechtigt; das den ganzen Menschen befriedigendere Bild vermittelt aber Goethes Suche nach dem Wesen des Lichts. — Für ihn als Künstler konnte sich das „weiße Licht“ nicht aus Farben zusammensetzen, die Farben konnten nicht Teile des Lichts sein, sondern sie entwickelten sich nur am Licht und waren Taten und Leiden, „Taten und Leiden des Lichts“. Wir werden zeigen, wie Goethes Vorstellung vom Licht im Sinne einer ganzheitlichen, organischen Betrachtung auch heute noch und trotz oder gar wegen der neueren physikalischen Forschungsergebnisse fruchtbar sein kann. Der Kampf Goethe—Newton ist für uns nur der Wettstreit zweier Anschauungsformen der Natur. Es liegt uns fern, die Verdienste Newtons und der Physik zu schmälern, besonders wo wir erkennen, daß die Entwicklung der modernen Physik von Erfolg zu Erfolg eilte, daß sie gerade durch die Rückführung der Phänomene auf ihren atomistischen Grund für die Wissenschaft und Technik ungeheuer wichtige Entdeckungen aufweisen konnte. Aber wir sind uns andererseits auch darüber nicht im Zweifel, daß die Errichtung eines wirklichen Weltbildes von den physikalischen Spezialergebnissen her unmöglich ist. Ein Weltbild kann nicht aus der Summe der durch Zergliederung gefundenen Teile bestehen; uns nützt keine Welt, die „eigentlich“ der reichen Vielfalt nur eine Schwingungsskala als letzten Grund zubilligt. Denn wir verlangen, daß der ganze Mensch selbst Anteil an diesem Weltbild hat und nicht nur ein Apparat, der vom Menschen weitgehend unabhängig gemacht wurde, uns Erkenntnis vermittelt. Die „exakte“ Wissenschaft untersucht nur das Instrument, auf dem sich die Erscheinungen abspielen. Sie ist aber weit davon entfernt, die Melodie zu hören, die darauf gespielt wird. Wie aber die Instrumente nicht die Ursache der Melodie und Harmonie sind, so ist auch die „Wellenskala" nicht die Ursache des Lichts und des Schalls. Die Einsicht in die Einheit der Erscheinungsgrundlage als elektromagnetische Schwingungen, zu denen Röntgenstrahlen ebenso wie Radiowellen und Farben gehören, ist sehr wertvoll, aber sie vermittelt nicht das Wesenhafte der Erscheinungen, sie kann sie überhaupt nicht erklären. Denn diese sind nur aus ihrer eigenen Gesetzlichkeit heraus zu verstehen. Und nur dann, wenn wir an Stelle eines Weltbildes von Stückwerken ein Planwerk setzen, wenn wir in unserer Untersuchung die Farben als Ausdruck eines höheren Planes erklären, dann können wir die Brücke von Naturwissenschaft zu Kunst, Symbolik und Religion schlagen, dann erst vermögen wir ein wahres Weltbild, ein organisches Weltbild im Sinne von Paul Krannhals[1]) zu errichten. In diesem Weltbild muß letztlich der Mensch immer Mittelpunkt sein, denn in ihm laufen die Schöpferkräfte des Kosmos zusammen, um — nach ihrem bewußten Begreifen und Erleben — wiederum im kosmischen Sinn schöpferisch in den Werken menschlicher Kultur entlassen zu werden, wie das in meinem Buch „Harmonie und Rhythmus in Natur und Kunst" (im gleichen Verlag, 1937) ausgeführt wurde.

Auch die vorliegende Arbeit ist im Keime schon in dem genannten Buch enthalten. Da aber dort das Hauptgewicht auf die Welt des Schalls und des Raumes gelegt wurde, erschien es angebracht, hier einmal die Betrachtung der Farben in Natur und Kunst besonders eingehend gesondert vorzunehmen, wenn es sich dabei auch nur um einen ersten Versuch handeln kann. Ich betrachte es als eine der wichtigsten Aufgaben dieses Buches, die Stellungnahme zur Goetheschen Denkweise, wie sie eben gerade in der Farbenlehre besonders klar zum Ausdruck kommt, im Sinne einer gerechteren Beurteilung zu beeinflussen und zu bedenken zu geben, daß eine deutsche wissenschaftliche Kultur auf die Dauer nicht ohne den Goetheschen Geist auskommen kann, will die Wissenschaft nicht nur mehr als reine Tatsachenforschung im Dienst der Zivilisation stehen. Des weiteren liegt

[1]) Das Organische Weltbild, München 1928.

mir daran, Physik, Physiologie, Psychologie, Biologie, Symbolforschung und Kunstgeschichte an Hand der Betrachtung des Lichtes und der Farben auf einen Boden zu stellen, von dem aus auch der Weg zu Kunst und Religion offensteht. Wenn zur Erreichung dieses hohen Zieles wenigstens die Richtung gewiesen ist, ist der Zweck des Buches schon erfüllt.

Stuttgart, im Herbst 1938.

Heinrich Frieling.

Inhaltsübersicht.

1. Die Suche nach dem Wesen des Lichts.

Ein richtiger alter Kanonenofen beginnt, wenn er tüchtig eingeheizt wird, auf einmal zu glühen — seine scheinbar so tote Stofflichkeit wird plötzlich lebendig, aus ihrem leidenden Zustand erhebt sie sich zur Tätigkeit und sendet Licht aus. Es ist eigentlich ein Wunder, daß das Eisen durch bloße Erhitzung mit einem Male zu leuchten beginnt. Man meint, die Wärme sei sichtbar geworden. Und wirklich drückt sich die Höhe der Temperatur auch im Lichte aus. Unter den Zangen des Schmiedes wird Eisen erst rotglühend, dann leuchtet es gelblich, schließlich wird es weißglühend. Da ist also aus einem Stück Materie eine Lichtquelle geworden, die letztlich auch nicht viel anders ist als die Lichtquelle, der wir Erdenkinder das Licht und das Leben verdanken, die Sonne. Unsere Sonne weist viele tausend Grad Hitze auf, aber dennoch gibt es unter den blauweiß leuchtenden Sternen, etwa von der Art des Sirius, noch viel heißere Sonnen. Die rot leuchtenden Fixsterne hingegen sind nach den Berechnungen der Sternforscher kälter.

Sonnen- und Sternenlicht ist für uns schlechthin das Licht. Es gelangt auf einem unvorstellbar langen Weg zu uns, und man hat ausgerechnet, daß es auf seiner Reise durch den luftleeren Weltenraum mit 300000 km in der Sekunde daherrast. Etwas Schnelleres als das Licht gibt es nicht. Das Merkwürdigste ist aber, daß das Licht wohl an seinem Entsendungsort und an seinem Ziel gesehen werden kann, daß es aber „unterwegs" auf seiner Reise im Weltenraum unsichtbar bleibt, denn der Raum zwischen Sonne und Erde ist völlig finster. Wäre das Licht ein aus Körperchen zusammengesetztes Etwas, wie Newton sich das vorstellte, dann könnte man sich dieses Verschwinden nicht erklären; auch die auf Huygens fußende Wellenhypothese des Lichts läßt sich nicht halten, weil diese eben einen „Äther", also irgend etwas Stoffliches voraussetzt, das die Wellenschwingungen weiterleiten kann. Dieser Äther kann kein Gas sein, er müßte etwa die Festigkeit und Elastizität des Stahls haben, sollte er die Wellenschwingungen mit der bekannten hohen Geschwindigkeit weiterleiten. Er müßte massig sein und doch kann man ihn nicht wiegen; er müßte unbegrenzt, aber auch wiederum ein Stoff sein, der mit anderen Körpern Reibung hat — und er darf doch eben wieder kein Stoff sein, weil man ihn sonst festgestellt hätte. Dieser Äther, der die Schwerkraft, also die Anziehungskraft der Massen, der Körper im Weltenraum ebenso wie das Licht leiten sollte, ist mechanisch unvorstellbar und entspricht keiner nachgewiesenen Wirklichkeit. Und wie es keinen vorstellbaren Äther gibt, so gibt es auch zur Zeit keine mechanische Erklärung des Lichts.

Maxwell hat gesagt, daß die Optik überhaupt kein Sonderfall der Mechanik (womit sich die eigentliche Newtonsche Physik ausschließlich beschäftigt), sondern der Elektrizität ist[1]). Für die Geschwindigkeit der Ausbreitung der elektromagnetischen Wellen berechnete Maxwell 300000 km/sec, also dieselbe Geschwindigkeit, mit der sich das Licht im luftleeren Raum ausbreitet. (In der Luft und im Wasser verlangsamt sich das Tempo ein wenig.) Und tatsächlich stellt sich das Licht nach Ansicht der Physiker auch nicht anders als in solchen elektromagnetischen Wellen dar. In den erhitzten Atomen des zur Rotglut gebrachten Körpers würden dann Elektronen (kleinste elektronegativ geladene Teilchen des Atomsystems) vielhundertbillionenmal in der Sekunde schwingen[2]) und sie

[1]) Den folgenden Ausführungen, so weit sie die Ergebnisse der Physik betreffen, liegt das Studium neuerer Lehrbücher der Physik und vor allem des auch für Nichtphysiker leicht lesbaren Buches von E. Zimmer, Umsturz im Weltbild der Physik (München 1935) zugrunde. Anregungen zur philosophischen Deutung der modernen Ergebnisse entnahm ich dem Büchlein von Aloys Wenzl, Metaphysik der Physik von heute, Leipzig 1935.

[2]) Die Schwingungshäufigkeit und die Wellenlänge läßt sich beim Licht aus Beugungsversuchen an winzigen Gittern (Ritzspalten auf Metallblättchen etwa) berechnen, wobei es sich zeigt, daß das Licht nach Art von Wellen beim Durchtritt durch winzige Spalte halbkreisförmig abgebogen wird, und sich dann Wellenberge und Wellentäler gegenseitig auslöschen, Berge und Berge sich aber erhöhen. Die auf einem Schirm hinter dem Gitter aufgefangenen Beugungsbilder haben dann je nach der Lichtfarbe verschiedenen Abstand. Das aber ist eben auf den Wellenlängenunterschied zurückzuführen. — Rotes Licht hat etwa 800 mμ oder 0,8 Zehntausendstel cm Wellenlänge und 400 Billionen Schwingungen in der Sekunde.

würden diese Schwingungen als elektromagnetische Wellen fortjagen, bis die Welle dann in den Körpern, auf die sie stößt, ebenfalls Elektronen zum Schwingen in demselben Rhythmus anregt. Wenn aber das Licht wirklich elektromagnetischen Wellencharakter hat (die Lichtwellen haben nur viel geringere Wellenlängen als die elektrischen, also z. B. die Radiowellen), dann müßten sich die Spektren (Regenbogenbänder), die man von solchem ausgesandten Licht entwerfen kann (Emissionsspektren) durch magnetische Felder beeinflussen lassen. Und das gelang in der Tat (Faradays und Zeemans Entdeckungen).

Was ist aber nun damit gesagt, daß das Licht als elektromagnetische Wellenschwingung faßbar ist? Es ist nunmehr die Möglichkeit einer sehr aufschlußreichen Einheitsschau in der Physik gegeben. Das Spektrum, das man ja so entwirft, daß man Licht durch ein Prisma schickt (es entstehen dann Bandreihen vom langwelligen Rot über Gelb, Grün und Blau zum kurzwelligen Violett), würde sich dann nur als eine Oktave im Gesamtbereich der elektromagnetischen Wellen ausnehmen. Rot besitzt nämlich eine Wellenlänge von 800 mμ (Milliontelmillimeter), das äußerste Violett aber nur die Hälfte, also 400 mμ. Abwärts schließen sich dann die nur durch ihre Fluoreszenz mittelbar sichtbar zu machenden Ultraviolett-Strahlen an bis ungefähr zu einer Wellenlänge von 10 mμ. Dann kämen die Röntgenstrahlen, die noch viel kurzwelliger (um 10^{-8} cm oder 1 Angström) sind und deren Charakter als Wellen sich durch Beugung am Kristallgitter nachweisen ließ. Auf der anderen Seite des Spektrums, jenseits vom Rot liegt das Infrarot, das wir nur als Wärme spüren; dann kämen mit etwa 1 mm Wellenlänge die Ultrakurzwellen (für Heilzwecke verwandt), dann die Kurzwellen mit nach Metern messenden Längen und schließlich die Radiowellen, die man schon nach Kilometern messen kann. Viele Kilometer Länge erreichen die Telegraphenwellen. Demnach stehen die Lichtstrahlen ziemlich in der Mitte der ganzen Strahlenleiter. Neben dem uns sichtbaren Licht enthalten die Strahlen der Sonne aber auch unsichtbare Wärmestrahlen und reichlich Ultraviolett, so daß man sagen darf, daß der sichtbare Teil des Sonnenspektrums nur einen winzigen Teil, nach Wellenlängen eben eine Oktave der gewaltigen Klaviatur ausmacht.

Wärme, Farben, Röntgenlicht — alles das sind physikalisch nur elektromagnetische Wellenschwingungen, wie alle Materie nur aus Atomen mit rasenden Elektronen besteht. Die ungeheure Mannigfaltigkeit der Dinge löst sich gleichsam in elektromagnetische Wechselfelder im leeren Raum auf, mit kennzeichnenden Schwingungszahlen und Wellenlängen. Auch Tisch und Stühle sind „nur" Ansammlungen von elektrisch geladenen Teilchen, die zudem noch Abstände voneinander haben, die etwa der Entfernung der Erde vom Sirius entsprechen mögen. Man kann diese Teilchen mit winzigen Strahlengeschossen bombardieren und so Atome zertrümmern, wodurch die Umwandlung eines Elementes in ein anderes grundsätzlich möglich ist, wenn auch der alte Alchimistentraum noch nicht so einfach zu erfüllen ist. Diese Vorstellungen und Erkenntnisse haben sich für die Entwicklung der Wissenschaft und Technik ungeahnt nützlich erwiesen. Aber es fragt sich doch wohl, ob wir überhaupt berechtigt sind, diese Grundstrukturen für den wahren Weltenbau zu halten, indem wir die Fülle der Erscheinungen auf eine Schwingungsskala zurückführen. Erkenne ich in der Welt nur den elektromagnetischen Grund, so kann ich daraus noch kein Weltbild malen. Denn zur Welt gehört der ganze Mensch mit allen seinen Organen, die ihm die Welt nun einmal in besonderer Weise und nicht als Wellenschwingungen übermitteln.

Aber selbst damit, daß wir das Licht als Wellenschwingung erkannten, sind wir dem Wesen des Lichts nicht näher gekommen; denn eigentlich wissen wir ja noch gar nicht, was da als Welle schwingt, was da in so ungeheurer Geschwindigkeit von der Sonne zu uns kommt und im Weltenraum plötzlich nicht mehr nachweisbar ist, in unserer Atmosphäre aber wieder auftaucht. Die Wellennatur des Lichts erschloß die Physik nur aus dem Verhalten des Lichts an Gittern (allgemein aus Beugungserscheinungen), und genau genommen können wir nur sagen, daß sich das Licht wie eine elektromagnetische Schwingung benimmt. Es hat sich nun aber herausgestellt, daß nicht alle Taten des Lichts mit der elektromagnetischen Wellentheorie erklärt werden können. Die Relativitätstheorie ließ sogar diese Theorie des Lichts einmal absichtlich fallen, und Max Planck hat wirklich festgestellt, daß mindestens unter gewissen Bedingungen das Licht keinen Wellen-, sondern einen Korpuskelcharakter aufweist. Man ist beinahe wieder zu Newton zurückgekehrt, und es besteht nur der eine Unterschied, daß Newtons Korpuskel Materieteilchen (also immerhin vorstellbar), die Lichtteilchen (Photonen) der heutigen Physik aber Energieklümpchen sind. Planck übertrug nämlich die atomistische Auffassung der Materie auch auf die Energie. Er nannte das Energie-Atom ein Quantum. Die feinsten Energiequanten sind in ihrer Größe von der Schwingungszahl (ν) der betreffenden Welle abhängig. ε ist dann gleich h mal ν, wobei h eine Naturkonstante (Energie mal Zeit) bzw. das Wirkungsquantum vom Zahlenwert $h = 6{,}55 \cdot 10^{-27}$ Erg/sec ist. Die Energie wird nach Quanten aufgenommen und abgegeben, wie etwa Regenwasser von einem Draht immer in bestimmten „Tropfquanten" läuft und nicht ununterbrochen abfließt oder, besser, wie ein Stückchen Schokolade aus einem Automaten nur dann herauskommt, wenn ein bestimmtes Geldquantum hineingesteckt wird.

Das Vorhandensein der Wirkungsquanten beruht auf Messungen und ist so sicher erwiesen wie nur etwas in der Physik. Die Energie wird also nicht stetig entlassen und empfangen, sondern in Schüben. Die Atome können nicht Energie beliebiger Größe schlucken, sondern nur mundgerechte Portionen und deshalb können sie auch nur ganz bestimmtes Licht (Farben) ausstrahlen, wenn sie eben angeregt sind. Das eine Elektron des Wasserstoffs (ein Proton = Atomkern + ein Elektron negativer Ladung bilden das Wasserstoffatom, Helium hat zwei Elektronen usw. im periodischen System der Elemente) bewegt sich nach den Aussagen der Physiker auf verschiedenen Bahnen um den Kern. Diese Bahnen sind gleichsam vorgezeichnet, weshalb man auch von „erlaubten" Bahnen spricht. Das Elektron kann dann ruckweise von der einen zur anderen Bahn überspringen. In welche erlaubte Bahn es dabei springt, ist kausalgesetzlich nicht festgelegt (was wir für spätere Ausführungen bemerken wollen). Springt es von einer inneren zu einer äußeren Bahn, so wird Energie gebunden, springt es von einer äußeren zu einer inneren, dann wird Energie in Strahlung frei (Emission im Gegensatz zur Absorption). Bei einem solchen Sprung von außen nach innen entstehen die Linien des Wasserstoffspektrums (Emissionsspektrums), eine im Rot, zwei im Blau und eine im Violett. Daß nicht bloß eine dieser Farben (wie etwa Gelb für Natrium) entsteht, erklärt sich daraus, daß bei den Tausenden von Atomen einmal das eine Elektron von der dritten zur zweiten Bahn springt, ein andermal von der vierten zur zweiten, wobei jedesmal Strahlen verschiedener Schwingungshäufigkeit und Wellenlänge ausgesandt werden.

Mit zunehmender Voltspannung erhält man immer schnellere Elektronen, damit aber auch Schwingungen immer höherer Geschwindigkeit (Frequenz), so daß man schließlich nicht mehr Farben, sondern Röntgenstrahlen bekommt. Im ganzen Strahlungsbereich ist der quantenhafte Energieaustausch sichergestellt — eine Tatsache, die sich mit der reinen Wellentheorie des Lichts allerdings nicht zu vertragen scheint. Müssen wir uns das Licht nun doch vorstellen als einen Hagel von Lichtkörperchen oder Energieklümpchen, die sich eben mit Lichtgeschwindigkeit von dannen machen. Körperchen oder Klümpchen — diesen Begriffen haftet notwendig etwas Stoffliches an. Handelt es sich wirklich um Körperchen, dann müßten diese Masse, Energie und Impuls (Stoßkraft) besitzen. Da nun die Energie nach Planck $E = h\nu$ ist und nach der Relativitätstheorie die Energie mit der Masse durch die Formel $E = m \cdot c^2$ ($c =$ die universelle konstante Lichtzahl 300000 km/sec; die Masse m ist die Ruhemasse), läßt sich die Masse der Lichtquanten berechnen als $m = \frac{h\nu}{c^2}$. Das ergibt einen winzigen Wert! (c^2 ist ja 900 Trillionen!). Aber immerhin handelt es sich um eine Zahl, die größer ist als Null und also meßbar sein muß, obgleich man dem Licht, weil es eben doch keine Materie ist, keine Masse (d. h. Trägheit, Widerstand gegen treibende und verzögernde Kräfte) zutrauen möchte. Tatsächlich übt aber das Licht einen gewissen meßbaren Druck (Strahlendruck) aus. Auch unterliegen die Lichtstrahlen der Massenanziehung, was man bei Sonnenfinsternissen nachweisen konnte, ein für den Lichtwellentheoretiker gänzlich unerwartetes Ergebnis, das aber Hasenöhrl und Wien voraussagten. — Strahlungsenergie wäre dann sozusagen im Raum verteilte Masse. Hierbei sei erwähnt, daß es auch gelungen ist, Licht in Materie umzuwandeln: Die Lichtteilchen verwandeln sich beim Zusammenstoß mit einem Atomkern in ein Elektron und Positron; es findet also eine Verstofflichung der Strahlung statt, wobei der gestoßene Atomkern selbst nicht verändert wird.

Ich kann es dem Leser nicht verdenken, wenn er nach alledem, was bisher über das Licht gesagt wurde, einigermaßen verwirrt wäre. Einmal erschien das Licht wirklich als elektromagnetische Welle bestimmter Schwingungszahl. Jedes Elektron hatte seine eigene Schwingungshäufigkeit. Das Licht, als elektromagnetische Welle, regte diejenigen Elektronen zum Mitschwingen an, die auf dieselbe Schwingung abgestimmt waren. Die Elektronen senden nun diese gleichschwingenden Wellen ab, wobei es zur Überlagerung von Wellen kommen kann (Gitterversuch). Es ergibt sich dann eine Welle, die durch das Gesetz vom gleichen Ausfalls- und Einfallswinkel ihre Richtung erhält. Die Beugungserscheinungen lassen sich nur erklären, wenn man dem Licht Wellennatur zugesteht. Nach der Lichtquantentheorie aber ist das Photon eine bewegte Kugel mit winziger Stoßkraft. Auch Kugeln werden — gewiß — gleiche Ein- und Ausfallwinkel zeigen (Billard!), wenn sie an ein Hindernis stoßen, und ein solches Hindernis wäre eben irgendein Atom, das im Verhältnis zu den Lichtkörperchen sehr groß wäre, so daß es ohne weiteres daran abprallen müßte. Träfe nun aber so ein Lichtkörperchen ein loses Elektron von winzigem Ausmaß, dann würde dieses wie eine Billardkugel, die durch eine andere einen Impuls erhält, abgelenkt bzw. angestoßen und fortgeschleudert werden. Und tatsächlich vermögen Röntgenstrahlen Elektronen in dieser Weise zu beeinflussen. So etwas brächten Wellen nie fertig! Was stimmt nun? Die Wellentheorie oder die Korpuskeltheorie? Wieder einmal muß man sich so fragen; ähnlich wie bei dem Gegensatz Huygens—Newton! Aber diese beiden Betrachtungsweisen haben sich ihrer rein mechanischen Grundhaltung wegen nicht halten können. Dafür haben wir heute zwei gleichwertige Theorien des Lichts, für die es schwerwiegende Beweise gibt! Eine sonderbare Lage: Wellen- und Lichtquantentheorie stehen sich kraß gegenüber, beide aber haben ihre Berechtigung. Beim Spaltenversuch muß jede Korpuskeltheorie versagen, andererseits gibt es überzeugende Beweise für diese! Im Raum muß sich das Licht wie eine elektromagnetische Welle ausbreiten; Energie und Impuls des auftreffenden Lichts aber kann man nur nach der Körperchenvorstellung berechnen. — Zu dieser notwendigen Doppelauffassung des Lichts tritt auch noch die ebenso nötige Doppelauffassung der Materie. Auch diese kann in ihren letzten Elementen, den Elektronen etwa, sich körperchenhaft verhalten (was wir als das Normale empfinden würden), aber, wie es sich beim Durchgang der Elektronen durch Kristalle zeigt, muß auch hier die Fähigkeit zur Beugung (die sich eben nur aus einem Wellencharakter verstehen läßt) erkannt werden.

Die Versöhnungsversuche, um beide Theorien unter einen Gesichtspunkt zu bringen, sind außerordentlich interessant zu verfolgen. Wir können darauf im einzelnen jedoch nicht eingehen. Dafür müssen wir uns zunächst einmal darüber klarwerden, daß die Schwierigkeit nicht zuletzt daher rührt, daß die Plancksche Naturkonstante h ein Produkt aus Energie und Zeit ist. E ist ja h mal ν, also ist auch $h = E \cdot \frac{1}{\nu}$. Da ν die Anzahl der Schwingungen pro Sekunde bezeichnet, geht hier die Zeiteinheit in den Massebegriff ein. Freilich ist diese „Wirkung" nicht anschaulich, wie das, was in Raum und Zeit zerlegt werden kann. Dafür ist sie allgemeingültiger. Plancks Einsicht, daß sie atomistisch gedacht werden muß, ist, wie Zimmer sagt, eine Erkenntnis, die an das Tiefste bisherigen physikalischen Wissens rührt. Ehe die Physiker diese kennenlernten, ließ sich der Widerspruch zwischen Optik und Quantenlehre nicht beseitigen. In unserer gewöhnlichen Welt gibt es nichts, was zugleich Wellen- und Partikeleigenschaft hat. Wir dürfen daher vielleicht in der Welt des Kleinsten jene Ausdrücke gar nicht verwenden, sondern müssen neue Worte suchen („Wellikel" heißt so eine Wortkreuzung Eddingtons!). Den Physikern bleibt heute tatsächlich die Sprache weg, und nur noch die Zuflucht zur Mathematik, die auf das Anschauliche keinen Wert legt, bleibt offen. Etwas Mathematisches ist also letzte Wirklichkeit der Welt? Was ist das aber, das sich nur mathematisch ausdrücken läßt, keine Substanz besitzt und unanschaulich ist?

Doch ehe wir diese Folgen weiter betrachten, die die

Quantentheorie (und in gewissem Sinne die Relativitätstheorie) als mathematischer Schlußstein der Physik heraufbeschwor, wollen wir sehen, wie man sich rein praktisch mit dem Zwiespalt in der Kennzeichnung des Lichts und der Materie abfand.

Wir sahen, daß Materie und Strahlung sich wie Körper verhalten, indem sie Energie und Stoßkraft nach Körperart austauschen können. Und sie verhalten sich wie Wellen, wenn man ihre Ausbreitung in Raum und Zeit untersucht. Es könnte ja nun sein, daß die Korpuskeln eigentlich auf Wellen zurückgeführt werden müssen, indem Photonen oder Elektronen etwa Wellenpakete, Knotenpunkte darstellen. Allerdings wissen wir nicht, wovon es denn Wellenpakete sind und worin sich diese Wellen bewegen, und so wäre im Grund diese Vorstellung ganz unanschaulich. Man versuchte daher, die Wellen auf Korpuskeln zurückzuführen bzw. zu erklären, daß wir es in Wirklichkeit überhaupt nur mit Korpuskeln zu tun haben und daß die Wellen nur formale, mathematische Ausdrücke und Gleichungen sind. Die Wellenberge geben dann die Wahrscheinlichkeit an, daß hier Partikel vorzufinden sind. Wenn also Licht- oder Materiekörperchen auf die Spalte eines Gitters treffen, so wird die Richtung, die diese Teilchen einschlagen, durch eine mathematische, aus der Wellenmechanik genommene Gleichung geregelt. Man kann dann aussagen, daß mit einer gewissen Wahrscheinlichkeit an einem bestimmten Ort Elektronen oder Photonen sein werden. Dem Vergleich mit den Wasserwellen liegt keine Wirklichkeit zugrunde; wenn sich also Wellenberge und Täler gegenseitig auslöschen und Berge plus Berge sich addieren, so daß Helligkeit zu erwarten ist, so muß das nun heißen, daß dort, wo es hell ist, die Wahrscheinlichkeit für das Eintreffen von Photonen groß ist, daß aber dort, wo es finster ist, keine Photonen eintreffen werden. Diese Vorstellungen knüpfen sich vor allem an den Namen Heisenberg. Es handelt sich hier um statistische Voraussagemöglichkeiten! Der Lauf der einzelnen „Körperchen" ist kausal nicht notwendig bestimmt; es ist nur auszurechnen (Heisenberg schuf in seiner Matrizenrechnung eine ganz neuartige Rechnungsart hierfür), daß die Wahrscheinlichkeit für das Eintreffen von Lichtteilchen usw. dort und dort so und so groß ist. Wie der Versicherungsmathematiker das Lebensalter nur statistisch für eine große Anzahl

Menschen berechnen kann, nicht aber für den einzelnen, so ist das auch mit den „Wahrscheinlichkeitswellen" der Physik.

Nun kommt aber noch etwas Wichtiges hinzu: Wir können für Lichtkörperchen und Elektronen (die man sich ja um den Atomkern schwingend denkt) nicht mit Bestimmtheit den Ort und die Geschwindigkeit in *einem* Meßversuch feststellen, denn jede Messung bedeutet ja eine Störung des Gemessenen. Wir können ja auch nicht unseren Zorn untersuchen, weil jede Analyse ein, wenigstens augenblickliches, Ausschalten dieser Gemütsregung zur Folge hat. Die Beleuchtung eines Elektrons bewirkt ja schon eine Bahnänderung! Und beleuchten müßte ich das Elektron, wenn ich es untersuchen wollte. Wo sich ein Elektron zu einer bestimmten Zeit befindet und wie schnell es sich bewegt, läßt sich also niemals gleichzeitig ermitteln. Ob das Atomsystem wirklich einem kleinen Planetensystem (Elektronen, die den Kern umkreisen) gleicht, kann sich demnach auch gar nicht einwandfrei nachweisen lassen. Hat ein Element mehrere Elektronen, so mußte man ausfindig machen, wieso sich ihre Bahnen nicht stören konnten und wie jedes Elektron seinen „Fahrplan" einhielt. Wir brauchen nun aber solche Bedenken gar nicht mehr zu haben, denn nunmehr ist die Elektronenverteilung kein Problem der Mechanik (und alten klassischen Physik) mehr, sondern sie ist statistisch gegeben durch mehrere, voneinander unabhängige Wellen, die alle in drei Dimensionen schwingen. Man kann auch mit einem sechsdimensionalen Atommodell rechnen — aber vorstellen kann man es sich nicht. Darauf legt aber die Physik von heute längst keinen Wert mehr.

Die *Heisenbergschen* Gedankengänge scheinen also in der Tat dafür geeignet zu sein, den Zwiespalt in den Vorstellungen des Lichts (und der Materie) als Körper und als Welle zu beseitigen. Freilich haben wir diese Erleichterung mit der *Aufgabe der nachweisbaren Kausalität*, wenigstens in der Kleinstwelt, zu erkaufen. Es gibt ja keine ursächlich bestimmten Massenpunkte mehr, sondern nur noch statistisch erfaßbare Materiewellen. Für die *Einzelerscheinung* gilt also keine kausale, sondern eine statistische Gesetzmäßigkeit. Das aber ist das — wir wollen es einmal so nennen — *Biologische* in der neuen physikalischen Forschung. Von hier aus können wir es wagen, eine weitreichende Zusammenschau der letzten bzw. urersten physikalischen Geschehnisse mit dem biologischen Geschehen anzustreben. Dabei ist es gar nicht notwendig, etwa von „Willensfreiheit" der Atome oder Beseelung der Elektronen u. dgl. zu sprechen, wie das heute vorkommt.

Wir sind mit diesen kurzen Ausführungen, die allerdings die physikalischen Vorstellungen vom Licht nur skizzieren konnten und niemandem die tiefere Einarbeitung zu ersparen vermögen, an den Stand der Dinge gelangt, den heute der Physiker für seine Weiterarbeit voraussetzt. Wir müssen gestehen, daß wohl noch nie eine Wissenschaft in so kurzer Zeit (in wenig mehr als dreißig Jahren vielleicht) ein „Weltbild" geschaffen hat, das so gründlich mit dem Alten gebrochen hat, seine Anerkennung aber durch die vielen Erfolge stützt. Durch die Relativitätstheorie und die Plancksche Lehre vom Wirkungsquantum haben wir ganz neue Vorstellungen von physikalischen Kräften erhalten, die Kausalität im Atomgeschehen (nicht etwa als Denkform) hat gewisse Einschränkungen erlebt, Raum und Zeit sind zu einer Ganzheit geworden, die wir uns freilich nicht mehr vorstellen können. Diese letzten Dinge liegen aber schon deutlich auf dem Grenzgebiet zwischen Physik und Metaphysik, und der positivistische Geist, der noch vor wenigen Jahrzehnten herrschte, ist kaum mehr daseinsberechtigt, so daß der Physiker — der nicht mehr „anstandshalber" Positivist zu sein braucht — die Notwendigkeit einer metaphysischen Vollendung seines „Weltbildes" klar erkennt.

Man kann jedoch im Zweifel sein, ob die Zurückführung der Naturerscheinungen auf nur noch mathematisch faßbare Gesetze zu einem Weltbild verhilft. Der Physiker führt ja schon erfahrbare Vorgänge, wie sie das Licht bietet, auf Unerfahrbares zurück. Mit eisernem Folgenzwang ist man dem Licht zu Leibe gerückt, indem man es immer weiter aller Wesenhaftigkeit entkleidete und nur noch mathematische Ausdrücke (Wahrscheinlichkeitswellen) erhielt. Die Physik hat — und das mußte sie — alles Menschliche, alle Vorstellungen und Sinnbeziehungen fallen gelassen, um das Licht zu erforschen. Das bedeutet nun freilich nicht (was auch Planck betont) ein Ausschalten alles Subjektiven überhaupt. Denn der Mensch ist auch ein Stück

Natur. Vielmehr sollen die durch Ausschaltung des Subjektiven gefundenen Ergebnisse nun wieder einer neuen Beurteilung durch die Sinne zugänglich werden. Aber daß das heute eben wirklich nicht mehr so leicht möglich ist (auch wenn man die Schwierigkeiten auf das Gebiet der Ausdrucksmöglichkeit in unserer Sprache verlegt), zeigen die oben gestreiften Ergebnisse eigentlich doch deutlich genug. Was bleibt denn übrig vom „Licht" als Erscheinung? Nichts! Schwer läßt sich vorstellen, wie Licht, das scheinbar nur mathematisch zu fassen ist, gebrochen und gebeugt werden soll, wenn man hier nicht erst wieder zu anschaulicheren Vorstellungen zurückgeht.

Da bietet sich uns der in der Biologie so fruchtbare Gesichtspunkt der Ganzheit zur Deutung des Lichts immer deutlicher an. Die Vorstellung, daß im Licht alle Wellen nebeneinanderliegen, kann doch nur genährt werden bei der Betrachtung eines begrenzten Lichtstrahls. Ein Lichtstrahl ist aber bereits nicht mehr das, was Licht in der vollsten Würde, nämlich in seiner Unbegrenztheit und Strukturlosigkeit ist. Er ist schon ein Bild, ein Ausschnitt des Lichts, der von Schatten begrenzt ist. Dieser begrenzte Strahl allein wird untersucht. Und auch wenn die Sonne auf ein Prisma scheint, so bleibt das Licht, das aus dem Prisma gebrochen wieder austritt, nicht unbeeinflußt. Wir können zwar den Grundvorgang der Brechung und Auffächerung in das Farbenband physikalisch keineswegs genau erklären, aber gerade deswegen wissen wir auch nicht, was für Veränderungen mit dem Licht vorgehen und ob das, was wir jenseits des Prismas einen Lichtstrahl nennen, auf der anderen Seite dieses Dreikants als Spektrum mit dem Lichtstrahl identisch ist. Die Physik kann nicht beweisen, daß das Licht als Ganzes dem Farbenband völlig gleichwertig ist, denn das Sammeln der Farben in eine Linse kann man auch als Aufheben der Erscheinung bezeichnen. Die Spektralbänder sind gewiß Teile, aber weder ein einzelnes Farbband kann als Teil dem Ganzen gleichen, noch die Summe dieser Teile dem „weißen" Lichtstrahl. Zerlegen wir elektrolytisch das Wasser in Sauerstoff und Wasserstoff, so kann niemand behaupten, daß die Teile dem Ganzen glichen. Es liegt aber in diesen beiden Elementen die Möglichkeit (Potenz), sich in einem gewissen Verhältnis zu einer höheren Einheit, dem Wasser, zu vereinigen. Es haben sich hier zwei Wahrnehmungsinhalte in einen völlig neuen verwandelt. Das andersartige Wesen eines Neuen gegenüber seinen Teilen erhellt bei jeder Art von Ganzheitsbetrachtung. Eine Alge ist nicht etwa die Summe ihrer Zellen, wenn diese auch perlschnurartig aneinandergereiht sein mögen, sondern es liegt eben eine Alge, ein einheitliches Lebewesen vor, dessen ganzheitlicher Charakter ja schon bei der Fortpflanzung und Ernährung zutage tritt. Wir dürfen das Wesen einer echten organischen Ganzheit nicht etwa mit einem Zusammenlegespiel erklären. Bei diesem sind die Einzelblättchen für sich nichts; die echte Ganzheit ist differenziert in Untereinheiten, die ihren Sinn erfüllen. Aber die Ganzheit (die die Teile als Einheiten in sich schließt) erfüllt ihrerseits ihren eigenen Sinn. Jede Zelle ist ein lebendiges System (nicht etwa nur belebte Substanz), ist harmonisch in sich geschlossen; es ist die Möglichkeit vorhanden, daß sich diese Zellen einem neuen Ganzen als Teile unterordnen. Die Harmoniesysteme sind hierarchisch gestaffelt, so daß die unteren Einheiten, in bezug auf die höhere Ganzheit als Teile gewertet, zusammengeschlossen in der oberen Ganzheit einen anderen, „höheren" Sinn erfüllen. Die Bedeutung der Betrachtung auf das Höhere hin, um das Niedere zu verstehen, geht auch beim Vergleich des Anorganischen mit dem Organischen hervor. Der Körper setzt sich wohl aus anorganischem Material zusammen (seziert man ihn), aber die anorganischen Teile werden mit dem Augenblick organisch, wenn man den lebendigen Körper als solchen betrachtet. So ist also auch der Teil in seinem Wesen jeweils abhängig von der übergeordneten Ganzheit. — Bleiben wir bei den Reichen des Anorganischen und Organischen, so erkennen wir, daß sich z. B. die Pflanze, deren Wesen Leben und Wachstum ist, in der Zeit offenbart, aber dennoch dem Raum gleichzeitig angehören muß, weil das Anorganische (das den Pflanzenkörper aufbaut) an sich (d. h. in reiner Form, etwa im Kristall) nur im Raum offenbar werden kann. Vom Anorganischen, Kristallhaften, nimmt die Pflanze gewisse Raumelemente (Symmetrie usw.) in sich auf; sie ändert dabei aber ihr eigentliches Wesen nicht, wenn sie etwa ihr Wachstum auf die Einverleibung (Assimilation) gründet, also aus sich selbst heraus den Strom des Lebens (etwas Zeitliches) entwickelt.

Der Kristall kann nicht durch Einverleibung wachsen, er vergrößert sich nur durch Anverleibung; jedoch ist dieses „Wachstum" gänzlich raumgebunden und hat, von der Zeitlichkeit her gesehen, gar keine Bedeutung. So hängen die Harmoniesysteme und die Reiche der Natur in stetigem Austausch zusammen, und es kann eigentlich nur das allerunterste Reich rein verwirklicht sein, weil sich auf diesem ja das ganze, hierarchisch gestaffelte Gebäude der Natur aufbaut. Aufs Kristallhafte müssen (und das hat J. Killian so treffend in seinem Buch „Der Kristall", Zsolnay-Verlag 1937, erläutert) sich Pflanzen als Vertreter des organischen Reiches ebenso aufbauen wie der Mensch, der ein Vertreter des geistigen Reiches genannt werden kann. Es kann sich der Geist sehr wohl im Anorganischen rückäußern; ein Gedanke kann ja die Welt umkehren; ja, ein Gedanke wird überhaupt erst in seiner Äußerung im niederen Reich sichtbar und merkbar! Wie wir den Wind am Schütteln der Bäume erst sehen können, so erkennen wir den Gedanken auch erst an seinen Verwirklichungen, an seinen Taten.

Man sollte es einmal wagen, von hier aus auch das Wesen des Lichts zu betrachten. Wir bemerken von ihm auch nur die Taten in einem, ihm anscheinend untergeordneten Reich, also im Organischen und Anorganischen. Man könnte das Licht, wie Leonardo[1]) es tat, als etwas Geistiges bezeichnen; die nur mathematische Erfaßbarkeit des Lichts durch die Physiker deutet ja auch fast darauf hin. Aber etwas wirklich Geistiges besitzt Bewußtsein und kann sich selber anschauen. Wir kennen unsere Gedanken, ohne daß wir sie uns erst selber durch die Tat bewußt werden lassen müßten. Das Licht jedoch ist ein Fremdling für unsere Welt, seine eigentliche Heimat kennen wir nicht, nur seine Äußerungen in den uns vertrauten Reichen der Natur. Wir sehen es im Reich der Kristalle Raumgestalten aufweisen (das Licht stört ja nicht das Gefüge des Kristalls, sondern zeigt lediglich die Raumgestalt, ohne die Atomstruktur uns erschließen zu können); wir bemerken das Licht in seiner Wechselbeziehung zur grünen Pflanze, die vom Lichte lebt. Wir tragen das Licht sogar in unserem Geist als

[1]) Leonardo da Vinci, Das Buch von der Malerei. Deutsch von H. Ludwig. Wien 1882.

„inneres Licht“, das die dunkelste Nacht erleuchten kann, aber wir vermögen den eigentlichen Himmel nicht zu erkennen, dem das Licht gehört. Das ist nicht weiter zu verwundern, denn wir haben immer beobachtet, daß sich eine höhere Weise in der niederen spiegelt. Da wir nun aber nicht über unser eigentliches Reich, die Weise des Geistigen, hinauskönnen, vermissen wir die Anschaulichkeit des nächsthöheren, vielleicht alles umfassenden Reiches. Dieses Reich könnte nur ein Gott anschaulich vor sich haben — und an dieses Reich versucht vielleicht die Physik durch Errichtung ihres vierdimensionalen Monstrums, das Raum und Zeit vereint, heranzukommen. Von jenem Weltenhimmel aber vermag sich die Physik niemals einen Stern zu holen, denn sie hat kein Organ dazu (außer der Mathematik, die aber eben schon keine Physik mehr ist), das Reich des „Übersinnlichen“, Überanschaulichen zu betasten und zu untersuchen. Der Physiker kann so das Licht nur in seinem Abglanz im Reich des Anorganischen (das Organische betrachtet er nicht) untersuchen, und es ist wirklich kein Wunder, wenn er dabei immer wieder auf Eigenschaften des Lichts stößt, die der Raumwelt, den Körpern, anzugehören scheinen. Der durch Begrenzung eingeengte Lichtstrahl, der im Glaskörper wirkende Lichtschein — alles muß körperlich „getrübt“ sein. Genau so wird es nun auch dem Botaniker gehen, wenn er über die Pflanzenfarben etwas aussagt: er wird sie chemisch untersuchen und ökologisch deuten, nicht aber erkennen, daß die Pflanzenfarben ihrem Wesen nach Abglanz des Lichts im Organischen sind. Er faßt also das Licht wie der Physiker zu einseitig auf sein „Gebiet“ bezogen auf, weshalb er dem ureigenen Charakter des Lichts nicht gerecht werden kann.

So sind wir schließlich zu einem Standpunkt gelangt, von dem aus wir die Sprache des Lichts eher zu verstehen meinen und von dem aus sich wohl ein organisches Weltbild errichten ließe, das ganzheitlich ist und die Welt nicht nur durch die Brille des Physikers (physikalisches Weltbild) sieht, sondern sie zu umspannen bemüht bleibt. Daß es sich hierbei nur um einen ersten Versuch handeln kann, braucht wohl nicht betont zu werden. — Die Fruchtbarkeit einer derartig ganzheitlichen Betrachtung, für die Goethe die gewaltigste Vorarbeit leistete, der Betrachtung des Lichts und der Farben in ihrer Auswirkung und Offenbarung im ganzen Reich der Natur, wird sich erst dann erweisen, wenn es uns gelingt, auch die Kunst in dieser Schau in gleichgestimmter Tonart zu erfassen. Die ernstliche Möglichkeit, die Malerei in das durch das Studium der Natur erhaltene Bild des Lichts und der Farbenwelt zwanglos einzugliedern, wird den Wert unserer Bemühungen erst ermessen lassen können. Solange Wissenschaft und Kunst, wie bisher, ganz getrennte Wege gehen, ist ein wirklich ganzheitliches Weltbild unmöglich. Da man nun aber, um beide zu vereinen, die Kunst nicht der Wissenschaft hörig machen darf, will man sie nicht ihrer wahren Wesenszüge berauben, scheint eher der Weg gangbar, daß man das für die Kunst selbstverständliche ganzheitliche Denken auch auf die Wissenschaft anwendet, wenigstens soweit wir auf eine erkenntnismäßig wesentliche Ausrichtung der Wissenschaft Wert legen und nach einer Zusammenschau der Teilergebnisse streben. Liegt uns aber eine wissenschaftliche Kultur am Herzen, dann kann nur eine Kunst und Wissenschaft umfassende ganzheitliche Beurteilung möglich sein. Wollen wir dies, dann befolgen wir das geradezu verpflichtende Vermächtnis Goethes an das Deutsche Volk. Kein anderer als er tritt so nachdrücklich für eine — wie wir sagen würden — totale Weltanschauung ein, und wir glauben, daß die Befolgung seines wahrhaft deutschen Wortes einer immerhin drohenden zivilisatorischen Verflachung der Wissenschaft, die mehr und mehr internationale Tatsachenforschung zu werden scheint, heilsam entgegentritt. Besinnen wir uns auf Goethes Vermächtnis:

„Da im Wissen sowohl als in der Reflexion kein Ganzes zusammengebracht werden kann, weil jenem das Innere, dieser das Äußere fehlt, so müssen wir uns die Wissenschaft notwendig als Kunst denken, wenn wir von ihr irgendeine Art von Ganzheit erwarten ... Um aber einer solchen Forderung sich zu nähern, so müßte man keine der menschlichen Kräfte bei wissenschaftlicher Tätigkeit ausschließen. Die Abgründe der Ahndung, ein sicheres Anschauen der Gegenwart, mathematische Tiefe, physische Genauigkeit, Höhe der Vernunft, Schärfe des Verstandes, bewegliche, sehnsuchtsvolle Phantasie, liebevolle Freude am Sinnlichen, nichts kann entbehrt werden zum lebhaften fruchtbaren Ergreifen des Augenblicks, wodurch ganz allein ein Kunstwerk, von welchem Gehalt es auch sei, entstehen kann.

Vielleicht ist es kühn, aber wenigstens in dieser Zeit nötig zu sagen: daß die Gesammtheit jener Elemente vielleicht vor keiner Nation so bereit liegt als vor der deutschen."

2. Taten und Leiden des Lichts.

Licht und Finsternis; die Urfarben Weiß und Schwarz.

Das Licht als Erscheinung ist nur möglich durch seinen Gegensatz: die Finsternis. Wir könnten vom Licht nicht sprechen, gäbe es nicht auch die Dunkelheit. Da nun aber auch das physikalische Licht, das wir ja als eine Wellenstrahlung erkannt haben, „dunkel“ oder, sagen wir, der Artung nach nicht Helligkeit ist, liegt die Unterscheidung von Licht und Finsternis auch nicht im Aufgabenbereich der Physik. Zwar drückt das Licht ein Angeregtsein der Elektronenstrahlung aus und das Nichterscheinen von Licht dementsprechend ein Nichtangeregtsein, aber im leeren Weltraum ist ja das, was noch auf der Sonne in angeregtem Zustand war und was dann in unserer Atmosphäre angeregt, also als Licht, ankommt, auch nicht Helligkeit, sondern wirkliche Finsternis. Aus dieser Finsternis kann sich aber unter gewissen Bedingungen sofort die reinste Helligkeit offenbaren, wenn dem Lichtstrahl nämlich etwas Stoffliches entgegentritt, das sozusagen mit in Schwingungen versetzt wird. Das Licht, wenn es einmal (wie auch im leeren Raum unsichtbar) vorhanden ist, hat die Möglichkeit in sich, jederzeit sichtbar zu werden. Schon die Luftmoleküle nötigen das Licht zur Streuung, und es werden die kurzwelligsten Strahlen (wie kleine Wellen im Wasser) am meisten zerstreut, so daß uns der Himmel blau erscheint. Lassen wir Licht durch einen völlig stäubchensauber gemachten, luftleeren Raum fallen, so vermögen wir es von der Seite (etwa durch ein Guckfenster in einem langen Kasten, durch den man das Licht schickt) nicht zu erkennen: der Kasten scheint innen völlig dunkel, also ohne Licht zu sein. Nur dort, wo das Licht am anderen Ende wieder herauskommt, sehen wir es wieder; es muß also doch im Kasten drin gewesen sein. Es hatte dort nur keine Möglichkeit, sich zu offenbaren. Freilich: als Licht im üblichen Sinn ist es hier wirklich nicht da, sondern im Kasten herrscht Finsternis. Es kann also auch eine lichterfüllte Finsternis geben. Erscheinungsmäßig ist die Finsternis auch durchaus nicht etwa das bloße Fehlen des Lichts oder gar ein „Nichts“, sondern die Finsternis stellt sich uns dar als der notwendige Gegensatz zum Licht, als ein wirklich Gegebenes, das gleichsam das Licht (wie in dem Kastenversuch) verschlucken kann. Auch viele Körper vermögen das Licht zu „verschlucken“ (absorbieren). Haben wir eine Aufschwemmung von Ruß in einem Glase, so läßt der gut verteilte Ruß zunächst noch Licht durch, wenn man auch nicht mehr wie durch klares Wasser hindurchsehen kann. Bald aber setzt er sich unten am Boden ab, und durch diesen dichten Bodensatz fällt kein Lichtstrahl mehr: man sagt, der Ruß hat das Licht verschluckt oder der Ruß ist schwarz. Ähnlich geht es uns auch mit der klarsten Flüssigkeit, die bei zunehmender Dichte bzw. Schichtung immer undurchsichtiger wird. Im Meer sind ja schon unter mehreren hundert Metern keine Lichtstrahlen mehr nachzuweisen. Lassen wir nun das Wasser gefrieren, so daß es Schneekristalle bildet, dann wird vom Schnee kein Licht mehr geschluckt, sondern im Gegenteil: alles Licht, was auffällt, wird auch wieder zurückgeworfen (Totalreflexion!), der Schnee ist weiß. Eine Glasplatte ist durchsichtig; zerstoßen wir aber das Glas zu Pulver, so wird es weiß, weil es nun total reflektiert. Nicht immer sehen aber die Schneeflocken weiß aus. Gegen den hellen Himmel gesehen, erscheinen sie sogar dunkel, und man kann sich gut denken, daß eine dicke Schneeschicht, die etwa auf einem Glasdach liegt, unter günstigen Umständen geradezu schwarz erscheint, wenn wir sie von unten anschauen. So ergibt sich der merkwürdige Tatbestand, daß Schnee und überhaupt alles Weißflächige nur bei auffallendem Licht (also gewöhnlich von „oben“) weiß erscheint, bei durchscheinendem hingegen grau bis schwarz, wobei im letzten Fall überhaupt kein Licht mehr durchdringen könnte. Man kann hier von Totalreflexion und Absorption reden und alles überhaupt scheinbar sehr einfach erklären, im Grunde bleibt die Erscheinung aber doch ein Wunder! Wir können uns das schon an dem Begriff Absorption, Schluckung, klarmachen. Kann man diesen nicht nur in Gleichnissen unserem Verständnis näherbringen? Auch Abtötung der Lichtstrahlen wäre nur ein gleichnishafter Ausdruck — und selbst die Betrachtung der inneratomaren Vorgänge bringt nur eine nähere Beschreibung, aber keine Erklärung der Erscheinung zustande. Die geläufig gewordenen Ausdrücke Absorption und Reflexion dürfen uns also nicht darüber hinwegtäuschen, daß damit nur beschrieben, aber nicht erklärt ist. Deshalb die Wichtigkeit des reinen Anschauens.

Wir haben gesehen, daß es Körper gibt, die das Licht durchlassen, ohne an ihm viel zu ändern: das sind die durchsichtigen Körper. Sie sind, wenn sie wirklich ganz rein sind, auch in starken Schichten vollkommen lichtdurchlässig, und zwar erweisen sie diese Eigenschaft sowohl beim Blick mit dem Licht als auch gegen das Licht. Durchsichtige Körper sind dem Licht gegenüber sozusagen gleichgültig, sicher aber nicht gegensätzlich, ja sie sind eigentlich überhaupt unsichtbar wie das Licht selber; man sähe sie gar nicht, hätten sie nicht Gestalt und Begrenzung gegen andere, nichtdurchsichtige Körper. Solcherart sind die reinen Kristalle. Besitzt der Körper aber nur einen geringen Grad an Trübung, so scheiden sich auf einmal Licht und Finsternis. Mit dem Licht betrachtet erscheint er mehr oder weniger weiß, gegen das Licht aber grau. Deutlicher wird die Erscheinung an einem milchweißen Körper, der bei mangelnder Durchlässigkeit dem Licht gegenüber nur seine beleuchtete Seite weiß zeigt, während seine beschattete Seite eigentlich schwarz ist und nur durch das in der Umgebung gestreute Licht zu Grau aufgehellt wird. — Ein schwarzer Körper nun ist auch bei auffallendem Licht schwarz, und erst recht bei Gegenbeleuchtung. Ein schwarzes Tuch tötet das Licht, ein weißes reicht es wieder zurück. Das Weiß ist ein Freund des Lichts, insofern es das Licht wieder zurückwirft, das Schwarz aber schluckt es und gibt nichts wieder frei, es ist also ein Feind des Lichts. Aber selbst bei einem schwarzen Körper kann unter Umständen der Eindruck: weiß entstehen, dann nämlich, wenn seine Oberfläche so glatt ist, daß sie die Erscheinung des Glanzes hervorruft. Es gibt verschiedene Grade dieses Glanzes, etwa den Atlasglanz, Fettglanz und Wachsglanz, eine Reihenfolge, in der der Glanz immer stumpfer, lichtloser wird. Bei rauhflächigen Körpern und erst recht bei solchen mit Samtoberfläche (wobei der Lichtstrahl in den engen Samthaarröhrchen seitlich in die Röhrenwände zu Tode gebrochen wird) wird die Aussicht auf eine Rückgabe des auffallenden Lichts immer geringer. Der Glanz ist die unmittelbare Zusammenstellung (nicht Mischung!) von Weiß und Schwarz, von Rückwerfen und Schlucken, während eine Mischung von Weiß und Schwarz eine halbe Trübung, eben das Grau ergibt.

Nach dem Gesagten wird man Weiß dann am besten erhalten, wenn man es auf einer großen Fläche ohne schattenliefernde Erhebungen oder Rundungen sich ausbreiten läßt, Schwarz dagegen wird sich am tiefsten dort zeigen, wo es sich in eine immerschattige Höhle verkriechen kann oder wo doch wenigstens Rundfülle und Rauhigkeit, kurz: Körperlichkeit vorhanden ist. Die reine Anschauung lehrt uns also die eigentlich viel zu selbstverständliche, aber (wie wir noch sehen werden) gerade deshalb unbeachtete Zuordnung des Weißen zur sich ausweitenden Fläche und des Schwarzen zum Körperlichen und Sichzusammenziehenden. Weiß erscheint am reinsten im hellsten Licht, Schwarz im fehlenden Licht, soll es nicht durch den Glanz auch Weiß aufweisen. Weiß ist also dem Licht und Ausstrahlenden, Schwarz der Finsternis und der Körperlichkeit verwandt, ja dem Stofflichen schlechthin, so auch dem Toten. Weiß ist ein Bild des Lichts, Schwarz ein Bild des Todes und der Finsternis. Das Geistige denken wir uns lichtklar, durchsichtig, sich wie ein Kristall nach allen Richtungen hin verströmend, doch wenn es sich faßbar und in Grenzen zeigen will, muß es notwendig weiß werden, wie das Wasser, das sich weiß verfestigt.

Licht ist das Ausstrahlende, in der Zeit Wandelnde, Materie das In-sich-Verkrampfte, Lichttötende, Geballte und Tote. Bedenken wir das, was wir im ersten Kapitel über das Licht sagten, so ist sein Wesen wahrhaftig Bewegung, ja es kann überhaupt nur in der Bewegung Licht bleiben. Am Körperlichen wird es — grobbildlich — breit geschlagen und vermag nun überhaupt in Erscheinung zu treten, von sich zu künden, sich selber abzubilden — und das geschieht am reinsten eben im Weiß. Das Licht kann sich überhaupt nicht anders als im Flächenhaften, im Weißen abbilden, weil es — soll es räumlich erscheinen — ja unsichtbar bleibt (Kristall). Das Schwarze kann sich dagegen am schlechtesten in einer glatten Fläche vorstellen, es will immer ein Körper sein, der mit dem Licht möglichst wenig Berührung haben darf, um ganz Schatten zu werden. Ist Schwarz das Bild des Toten, so ist Weiß das Bild des Lebendigen, die Durchsichtigkeit aber ist das Urlebendige des Lichts selber.

In einer polaren Urscheidung tritt uns Licht und Finsternis entgegen, in derselben Gegensätzlichkeit und doch Zusammengehörigkeit wie Leben und Tod. Das, was sich aber von Licht und Finsternis in unserer Welt greifbar offenbart, sind ihre Bilder, geistigen Bilder, wenn man will, Weiß und Schwarz. Solche Bilder aber nennen wir Farben. Aus Licht und Finsternis sind die beiden Urfarben Weiß und Schwarz hervorgegangen zu denken. Es ist unsinnig, das Schwarz nur als Nichts oder Abwesenheit von Licht zu kennzeichnen, wie das so oft geschieht. Schwarz ist sehr wohl eine Empfindungsqualität, ein Etwas! Mischen wir das Schwarz z. B. mit Gelb, dann wird dieses Gelb grünlich, schmutzigoliv; wäre Schwarz nur Abwesenheit von Licht, dann könnte sich aus der Mischung eines Nichts oder Nur-Minushaften nicht etwas positiv Neues ergeben, das Gelb würde nur immer unsichtbarer oder auch dunkler werden — und Dunkelgelb gibt es nicht (nur gesättigtes Gelb ist vorhanden, kein Dunkelgelb, da zum Gelb als integrierender Bestandteil die Helligkeit gehört). — Daß Schwarz wirklich eine Farbqualität im physiologischen Sinn ist, zeigen ja schon die Fische, die in schwarzer Umgebung schwarz werden, weil von dieser Farbe ein Reiz vom Auge über Nervensystem und Hypophyse zu den Pigmentzellen geht. Noch besser zeigt das aber folgender, in der Zoologie bekannter und erstmals von Babák angestellter Versuch: Eine Axolotl-Larve wird in schwarzer Umgebung schwarz, in weißer hell. Das Schwarz bewirkt einen bestimmten Kontraktionszustand der Farbzellen; es kann also kein Nichts sein, da dies keinen bestimmten physiologischen Zustand auslösen könnte. Dieser Dunkelreiz erweist sich nun aber dadurch besonders eben als Reiz, indem augenlose Axolotl-Larven, die im Dunkeln gehalten werden, hell werden, im Licht sich aber dunkel färben. Der Kontraktionszustand der Farbzellen ist also durch das Dunkle in aktive Tätigkeit versetzt und beharrt nicht etwa auf einer Nullstufe oder in Passivität. — Abgesehen von jenen Tierversuchen weiß ein jeder, daß Schwärze und Dunkelheit auf unsere Empfindung sehr wohl einen anderen Eindruck macht als Nichts.

Im Dunklen ist man ichgehemmt, ängstlich, von schweren, „schwarzen" Gedanken umwittert, im Licht aber wird man sich seiner selbst bewußt, es wirkt belebend und läßt die Dinge wieder klarer sehen. Wir brauchen das nicht zu erklären, denn wer hat sich aus dunkler, durchwachter Nacht noch nicht zutiefst nach dem Lichte des dämmernden Morgens gesehnt, der dem Kranken ein Trost und dem Bekümmerten Ansporn ist? — Im Schwarzen wirkt keine Wellenlänge auf uns ein, im Weißen alle Wellenlängen des „sichtbaren Lichts" — kann diese Feststellung überhaupt für die physiologischen und psychologischen Tatsachen irgend etwas erklären?

Schwarz und Weiß stehen sich in einem ganz bestimmten dynamischen Verhältnis gegenüber. Schien uns das Weiß als geistiges Bild des Lichts und Lebens auszustrahlen, so scheint sich das Schwarz als geistiges Bild des Todes zusammenzuziehen, zu „verinnerlichen", wie wir vorhin feststellten. Man kann diese mehr aus der Empfindung geborene und daher für viele überhaupt nichtige Betrachtung der Gegensätzlichkeit des Weißen und Schwarzen in ihrer Dynamik auch physiologisch beweisen; kennt man doch längst die Erscheinung, daß ein weißer Kreis im dunklen Feld größer erscheint als ein schwarzer gleichen Durchmessers im weißen Feld. Der Physiologe bezeichnet die Erscheinung als Irradiation und führt sie auf ein besonderes Verhalten unseres Auges zurück (physikalische Lichtaberration innerhalb der optischen Medien des Auges und Beschränktheit der physiologischen Kontrastfunktion, auf die wir noch eingehend zu sprechen kommen). Durch Nachmessen der Kreisdurchmesser können wir beweisen, daß objektiv der Unterschied zwischen den beiden Kreisen nicht besteht; in der (fürs menschliche und im gewissen Sinn auch fürs tierische Auge aber allgemein geltenden) Sehweise zeigt sich aber etwas, das mehr ist denn Messung, nämlich Erscheinung. Und es ist verkehrt, diese Dinge (die ja nicht einer subjektiven Willkür, sondern einer subjektiven Gesetzmäßigkeit unterliegen, die also auch wiederum „objektiv" nachzuweisen sind) einfach zu ignorieren und als Zutat zur dinglichen Wirklichkeit abzutun. Gerade der Physiologe hat den Menschen in seine Betrachtung in allererster Linie einzubeziehen; er macht aber den Fehler, daß er glaubt, den Menschen hinter die Naturgegebenheit

„draußen" stellen zu müssen. Ist denn das menschliche Sehen nicht auch Natur? Ist es nicht viel natürlicher als Zirkel- und Lineal-Aussagen? Bringt die Messung einen Gewinn für die Erkenntnis? Nein, sie gewinnt nichts, sondern verliert das Feinste und Intimste, dasjenige, worin sich eine Gesetzmäßigkeit ausdrückt, etwas Wesenhaftes kündet. Doch kommen wir später darauf noch zurück[1]).

Sieht man einen Telephondraht gegen eine kleine, punktförmige Lichtquelle oder einen Stern an, dann scheint der Draht dort, wo er den Stern „schneidet", eine Lücke zu haben, in der eben der Stern ganz sichtbar wird. Ein Licht, das von einer Mauer halb verdeckt wird, „bohrt" auch in die Mauer eine Lücke hinein: so deutlich offenbart sich das ausstrahlende Wesen des Lichts und zugleich des Weiß.

Will man dem, was wir vom Wesen des Lichts und der Finsternis bisher gesagt haben, in einem Bilde gerecht werden, so müßte man sich das Licht dargestellt denken durch eine aus-

[1]) Hier möchten wir nur anmerken, daß wir in diesem Punkt Goethes Betrachtungsweise recht geben, die immer eine tiefe Entsprechung des „Innen" zum „Außen" sieht. (Wär' nicht das Auge sonnenhaft, wie könnten wir das Licht erblicken?) Dem Physiologen der gekennzeichneten Art muß es immer unverständlich bleiben, wie sich überhaupt das materielle Geschehen der Natur in bewußte Erlebnisse umsetzt. Lächelt eine Mutter ihr kleines Kind an, dann lächelt es wieder; aber nicht, weil die einzelnen Punkte des gesehenen Mutterbildes auf die Netzhaut übertragen wären und dann sozusagen vom Gehirn dort abgelesen und in Bewußtsein verzaubert werden (solche Denkarbeit leistet das Kind ja gar nicht). Nein, das Lächeln „außen" löst auf rein seelischem Weg — natürlich vermittelt durchs Auge — das Lächeln „innen" aus. Es handelt sich um eine ganzheitliche, nicht stückchenhafte Übertragung. Der Sehvorgang ist kein atomistisches Umsetzen von der einen in die andere Energie allein, sondern er ist darüber hinaus etwas Ganzheitliches, wobei dem Außenbild ein bestimmtes Innenbild entsprechen muß. Stäbchen und Zapfen müssen die zugeführte Lichtenergie irgendwie verarbeiten. Durch die Lichtenergie werden Moleküle angeregt und Elektronen herausgeschleudert, und es werden auf dem Weg über photochemische Zersetzungen Nervenerregungen ausgelöst, die dann zum Gehirn weitergeleitet werden. So sagt die Physiologie. Gut! Aber das ist nur die Erklärung des Grundvorganges im Material, die Übertragung des Lächelns und das Wiederlächeln wird damit in keiner Weise erklärt. — Nimmt man aber mit Goethe an, daß sich im Ich des Menschen die Außenwelt mit der Innenwelt verbindet und daß die äußere Natur der inneren Natur qualitativ entspricht, dann bleibt kein irrationaler Rest, der allen rein mechanistischen Erklärungsversuchen notwendig anhaften muß.

strahlende, runde Scheibe bzw. Kugel (rund, weil nach allen Seiten ausstrahlend) und die Finsternis als eine gleichzeitig den begrenzten Stoff und das Sich-Zusammenziehende versinnbildlichende schwarze Kugel, die um dieses Licht gespannt ist und es sozusagen auffressen will, während das Licht in die Finsternis hineinstrahlt. Wir finden dieses auf Grund des Wesens von Licht und Finsternis konstruierte Symbol ja in der Sonne wieder, die (wie jeder Stern) in den schwarzen Raum hineinstrahlt. Ein entsprechendes, bezeichnenderweise aber umgekehrtes „Sinnbild" gibt das Auge ab, dessen für die Aufnahme des Lichts bestimmte Pupille schwarz erscheint und dessen stoffliche Umhüllung nach der farbigen Iris weiß ist. Es scheint sich hierin die Urgebärde des Lichterfassens auszusprechen, eine höchst eigenartige und wohl kaum zufällige Entsprechung des Außen und Innen[1])!

Mag uns jetzt eine solche Betrachtungsweise auch abwegig erscheinen, so wollen wir den Grundgedanken doch für spätere Kapitel festhalten, um zu sehen, ob ihm wirklich mehr Wert als einer Geistreichelei oder ausschweifenden Phantasterei zukommt.

Die Urbuntheiten Grün und Purpur.

Schwarz und Weiß nannten wir die Urfarben. Bei allen Lebewesen, die überhaupt sehen können, spielt der Unterschied zwischen Schwarz und Weiß oder Hell und Dunkel eine Rolle, und es gibt weitaus mehr Tiere, die nur diese beiden Farben erkennen können. Mit Recht dürfen wir daher das Schwarz-Weiß-Sehen als das primitivste Sehen bezeichnen. Bereits Urtiere und einzellige Algen können (ohne eigentliche Sehorgane, und nur durch das lichtempfindliche Zellplasma befähigt) Hell und Dunkel unterscheiden; erst bei Würmern und Insekten tritt dann noch ein Buntfarbensehvermögen hinzu. Auch unter den Wirbeltieren gibt es Arten, die wohl nur Helligkeit und Dunkelheit trennen. Gewöhnlich ist diese einfache Helligkeitsunterscheidung an die Stäbchen in der Netzhaut

---

[1]) Dieselbe symbolische Vorstellung des Lichts und des Auges las ich auch in einem, „den Manen Goethes" gewidmeten Buch P. Kaemmerers, Auge und Sehkraft, Selbstverlag 1929. K. verteidigt Goethes Anschauungen, ohne jedoch der neuen Physik gerecht zu werden.

gebunden. In diesen Sehelementen liegt die physische Möglichkeit des Dämmerungssehens auch beim Menschen begründet. Bekanntlich verschwinden die Farbtöne im Dämmerlicht in der Weise, daß man erst nicht mehr Rot von Schwarz unterscheiden kann, dann verschwinden auch die anderen Farben, sogar das doch so helle Gelb, das sich in ein helles Grau verwandelt. Zuletzt verliert helles Blaugrün seinen Farbwert. Interessanterweise bestehen nun einwandfreie Beziehungen zwischen dem Dämmerungswert der Farben und dem Bleichungswert des Sehpurpurs, der sich in den Stäbchenaußengliedern der Netzhaut befindet. Der Sehpurpur ist am Lichte sehr vergänglich (er wird auch bei Temperaturen über 50° gebleicht) und hat sein Schluckungsmaximum im Gelbgrün (Wellenlänge 540 mμ) oder im Blaugrün (500 mμ), das letztere z. B. beim Menschen. Das heißt, die Farbe des Sehpurpurs selbst ist einmal purpur, andermal rot. Bei der Bleichung entsteht das sog. Sehgelb, dessen Schluckungsmaximum im Blauvioletten liegt. Das Sehgelb ist weniger lichtempfindlich. Schließlich entsteht Sehweiß. Beim Weglassen der Beleuchtung, also im Dunkeln, kann sich dann der Sehpurpur über Gelbstufen chemisch wieder aufbauen. Aber dies interessiert uns hier nicht weiter, nur so viel, daß der Sehpurpur nach alledem als Empfindlichmacher (Sensibilisator) der Netzhaut bezeichnet werden darf, der eben bei bestimmten Lichteinwirkungen in bestimmter Weise chemisch zerstört wird. Auf diesen photochemischen Bleichungsvorgang baut sich die Theorie des Sehens heute weitgehend auf. Wie wir uns im einzelnen freilich die Reizvermittlung für die Weißerregung des Auges vorstellen sollen, können auch die Physiologen noch nicht einwandfrei und genau sagen. Das wichtigste Ergebnis aber bleibt für uns, daß im Auge für die Unterscheidung von Schwarz und Weiß der Sehpurpur maßgebend ist, und zwar so, daß der Sehpurpur das Weiße und Helle zerstört, während er im Schwarzen chemisch aufgebaut werden kann (die Pigmentepithelzellen um die Stäbchen sezernieren dauernd neue Sehpurpur-Vorsubstanz). Ferner ist zu beachten, daß dem Sehpurpur als Absorptionsmaximum das Grün gegenübersteht. Diese Farbe erscheint im Dämmerungssehen als die hellste, also lichtnächste. Wir dürfen deshalb das Grüne in gewissem Sinne zum Weißen stellen und das Purpur zum

Schwarzen, wo es sich allein bilden kann. Anders ausgedrückt ständen sich gegenüber Purpur und Weiß, Schwarz und Grün, wenn wir eine Urfarbe allemal mit dem Purpur oder Grün in Gegenwirkung stellen wollen.

Wir haben so ganz natürlich aus dem Licht das Weiß, aus der Finsternis das Schwarz abgeleitet und zu diesen Urfarben die entsprechende Urbuntheit, die wir Grün und Purpur nennen wollen, gesellt. Damit sind wir zu einem Ergebnis gelangt, das ganz dem freilich auf völlig anderem Wege gefundenen Goethes entspricht, der ein Grün- und ein Purpurspektrum unterscheidet.

Betrachten wir einen genügend engen Spalt in schwarzem Papier gegen das Licht oder auch einen weißen Streifen auf schwarzem Grund, so füllt sich das Weiße, durch ein Prisma betrachtet, mit den Spektralfarben an: oben erscheint das Rot, dann das Gelb, in der Mitte liegt Grün, an das sich schließlich Blau und Violett anschließt. Es erscheint das gleiche Farbenbild wie in einem Regenbogen. Goethe erklärte die Entstehung dieses Spektrums aus den z. T. übereinandergeschobenen (bei engem Spalt schiebt sich scheinbar der gelbe Rand über den blauen und ergibt so Grün) Randfarben, wobei er aber falsche Voraussetzungen macht; physikalisch handelt es sich um ein Entwerfen des Spalt- oder Streifenbildes in allen Spektralfarben, die eben in der Mitte teilweise sich überdecken; die einzelnen Bilder werden wegen der verschiedenen Brechbarkeit der Lichtwellen verschieden weit verrückt. Doch ist die Erklärung hier belanglos; die Beobachtung Goethes jedenfalls ist richtig. — Betrachten wir nun an Stelle eines weißen einen schwarzen Spalt in weißer Umgebung, dann erscheint ein anderes, gewissermaßen umgekehrtes Spektrum, nämlich von oben nach unten Blau, Violett, Purpur (Mitte!), Rot und Gelb. Ist der Spalt bzw. Streifen breit oder das Prisma nahe am Bild, so wird die Mitte dieser beiden Spektren beidemal nicht ausgefüllt, und es erscheint dann natürlich einmal in der Mitte an Stelle des Grünen Weiß, andermal an Stelle des Purpur Schwarz, so daß wir wiederum zu den obengenannten Entsprechungen geführt werden.

Wir wollen nun aus diesen Gegebenheiten, zunächst ohne weitere Begründung, schließen, daß die ursprünglichste Buntheit in der Finsternis das Purpur ist, wobei wir beachten, daß im Inneren des Auges diese Purpurfarbe beheimatet ist und daß vom Lichte her diesem Purpur das Grün entgegenwirkt, wobei wiederum zu merken ist, daß sich der Dämmerungswert des Grün und der Bleichungswert des Purpur gegenüberstehen. Auch hier gewahren wir eine Umkehr der Außenwelt in der Innenwelt (wie Sonne und Auge und schließlich Außenbild und Netzhautbild selbst): draußen das Licht und das

Grün, innen die Finsternis und Purpur. Und so wird klar, daß sich das urlebendige Licht immer in polaren Gegensätzen offenbart: 1. in Weiß-Schwarz, 2. entsprechend in Grün-Purpur.

Diese vier Urfarben haben alle etwas Harmonisches, Ruhiges an sich, obwohl sie zur ganzheitlichen Erfüllung des Gegensatzes bedürfen. Die weiße Schneefläche als Urbild des Weißen läßt in ihrer Reinheit keinen Gedanken an andere Farben aufkommen. Es ist lichtähnlich und ausgebreitet. Im Schwarz können wir uns konzentrieren, nach innen sammeln (vgl. den Bezug zum Zusammenballen oben); es ist für uns das Zeichen hoffnungsloser Trauer, des Ernstes und der steifkragigen Würde. Schwarz ist eine unverbindliche und in diesem Sinn auch durchaus reine Farbe. Erschien Weiß mehr als ein Bild des Geistes, so Schwarz als ein Bild des Todes. Auf einem schwarzen Hintergrund kann sich alles abspielen; das Schwarze beteiligt sich nicht am Spiel. Kann man sich ein knallrotes Klavier vorstellen, ohne beim Zuhören nervös zu werden? Aus einem schwarzen und auch weißen Flügel hingegen quellen die Töne ungestört zum Hörer. Schwarz und Weiß sind statische, ruhende, inaktive, nicht mitspielende Farben; es sind Bilder des Lichts und der Finsternis. Auch Grün und Purpur sind statisch und inaktiv zu nennen. Sie haben ebenfalls nur ihre eigene Wesenhaftigkeit auszuspielen und greifen nirgends in etwas Fremdes ein; das Grün liebt die Fläche (Blätter!), das Purpur das Körperliche. Grün ist die Urfarbe der Natur schlechthin. Es ist sozusagen die erste Verwirklichung einer Buntheit, und sie befriedigt wunschlos. Daß Grün für uns eine beruhigende Wirkung hat und sich keineswegs irgendwie vordrängt oder weicht, hat wohl jeder schon selbst erfahren, wenn er nach angestrengter Arbeit den Segen eines Blickes auf eine grüne Wiese verspürt oder wenn er aus dem Großstadtlärm und Getriebe heraus sich „Mutter Grün" ans Herz wirft. Das Pflanzengrün kennt keine eigenen Bemühungen wie das rote Blut, das im Innern pulst und schafft. Das Grün des Chlorophylls ist dem Lichte hingebreitet, das es hervorruft und ernährt. Grün ist wahrhaftig das Urbild des Organischen. Wie keine andere Farbe gehört es zur Pflanze wesenhaft hinzu, es bedeutet für die höhere Pflanze überhaupt das Leben. Eine Betrachtung der Pflanze ohne das Grün und des Grüns ohne die Pflanze muß notwendig ein Torso bleiben. Da nun, vom Anorganischen ausgegangen, die Pflanze zum erstenmal Träger des Lebensstromes wird, muß ja mit der Pflanze (in abstracto) gleichzeitig auch das Grün als Bild des Lebens im Stofflichen angesprochen werden, jenes Lebens, das sich durch seine Bewegung in der Zeit grundlegend vom kristallischen Wachstum unterscheidet. Ein Baum wächst eigentlich nie aus, und viel bedeutsamer als das Dickenwachstum ist das Längenwachstum der Pflanzen, das Beschreiben einer Linie, die ja wieder das Symbol der rinnenden Zeit ist. Grün ist die Farbe, die jenem Urwachstum beigeordnet ist — vielleicht keine unbedeutende Erkenntnis in Hinblick auf die Sprache, die das Grün in der Symbolik (S. 164) spricht.

Purpur gehört zum Schwarzen, zu den verinnerlichenden und nicht zu den dem Licht sich hingebenden vegetativen Kräften. Im Gegensatz zum Grünen, das sich ausbreitet und wächst, zieht Purpur sich auf sich selbst zurück; es ist ganz Innenleben und daher ein Bild des Seelischen. Aber trotz aller dieser Dynamik, die man Grün und Purpur in entsprechender Weise wie Weiß und Schwarz zuschreiben muß, sind beide Urbuntheiten doch mehr statisch zu nennen; denn nur das, was sie vorstellen, hat Bezug zu einer Bewegung oder Kraft, nicht das, was sie sind. Purpur erscheint harmonisch ausgewogen und ruhig gegenüber dem Roten, mit dem es nicht verwechselt werden darf (man lasse reines Karmin auf einem Porzellanschälchen eintrocknen und erhält die Purpurfarbe). Goethe spricht von der Würde des Purpur, und damit hat er zweifellos das beste Kennzeichen gegeben; aber auch darin hat er recht, daß sich im Purpur „die Würde des Alters mit der Liebenswürdigkeit der Jugend" vereint, so daß alt und jung Purpur tragen können. Purpur hat nicht jenen unentschiedenen Charakter wie Violett, das sich bald mehr dem Blau, bald mehr dem Rot zuzuneigen scheint. Purpur ist nach Goethes Farbenlehre die Vereinigung der gesteigerten Farben Blau und Gelb, die er sozusagen als Grundfarben ansieht. Blau kann sich über Violett ins Purpurne steigern und Gelb über Zinnoberrot ebenfalls zur Würde des Purpur erheben, so daß dies gleichsam eine „Zusammenfassung" aller bunter Farben darstellt, denn es schließt in diesem Sinne auch Grün ein, das sich ja leicht in eine gelbe und blaue Komponente auseinanderlegen läßt. Bemerkenswert ist es umso mehr, daß sich Purpur nicht im Spektrum befindet, so daß das Spektralgrün also ohne Gegenfarbe bleibt; denn das, was im Spektrum rot erscheint, hat zur Gegenfarbe ein schwach ins Blaue ziehendes Grün, weil das Spektralrot eben einen geringen Gelbanteil besitzt. Purpur ergibt sich erst, wenn wir das violette und rote Ende des Spektrums übereinanderschieben (was sich mit zwei Prismen ja leicht ausführen läßt), also an Stelle der Farbenleiter einen Farbenkreis aufbauen.

Die Farbenordnung.

Farbtonkreise haben wohl alle Farbenforscher konstruiert. Newton, Aubert, v. Brücke, Ostwald u. a. ordneten die Farben so an, daß diejenigen sich gegenüberstanden, die bei geeigneter Lichtermischung „Weiß" ergeben. Besonders bekannt sind ja Newtons Experimente zum Nachweis des zusammengesetzten Charakters des Weißen. Auch heute noch lehrt man, daß die Mischung zweier Komplementärfarben (das sind eben solche sich zu Weiß ergänzende Farben) Weiß ergäben wie auch alle Farben zusammen; in Wirklichkeit entsteht jedoch bei einer Lichtermischung niemals Weiß, sondern eben nur reines Licht, ein Aufheben der Farbigkeit. Mischt man Pigmente komplementärer Art, so entsteht Grau; eigentlich sollte es Weiß sein, ein „Schönheitsfehler", den Goethe mit sehr drastischen Worten gegeißelt hat. — Newton trug nun auf einen Kreis die Farben: Aureus, Flavus, Viridis, Coeruleus, Indicus, Violaceus und Rubens in den Spektralabständen ein. Irgendein Gefühl verleitete den großen englischen Physiker, gerade sieben Farben in Anlehnung an die sieben Töne einer Oktave zu nehmen. Diesem Farbenkreis fehlt das Purpur, das dem Grün eigentlich gegenüberstehen müßte. Deshalb ist der Versuch mißlungen. Der Kreis macht einen recht unorganischen und konstruierten Eindruck und man glaubt, Newton habe eben nur die Farben gekannt, die im Spektrum tatsächlich auftreten.

Dagegen kommt Wilhelm Ostwalds Farbenkreis dem natürlichen Empfinden schon näher. Aber dieser Forscher teilt seinen Kreis einfach willkürlich in 100 Farben ein, wobei sich die Hauptfarben, von denen er acht kennt (Grün zerfällt in Seegrün und Laubgrün!), überhaupt nicht vor den Mischfarben herausheben. Dieses System könnte man ein demokratisches Farbsystem nennen. Umfaßt der Ostwaldsche Kreis alle gesättigten Farbstufen, so sind die Mischungen dieser Farben mit Weiß und Schwarz (hellklare und dunkelklare Reihen) auf einem Doppelkegel eingetragen. Die Mischungsstufen mit Grau sind die sog. trüben Reihen. Es ist merkwürdig, daß Ostwald einerseits behauptete, ein reines Weiß und Schwarz gäbe es nicht, beides sei nur verhältnismäßig weißes oder schwarzes Grau, während er andererseits mit diesen nur in der Vorstellung möglichen Farben mischt und zudem noch eine trübe Grundfarbenreihe konstruiert. Die Ostwaldsche Farbenordnung, die für das Kunsthandwerk, nicht aber für die Kunst einen gewissen Wert hat, ist letzten Grundes doch nur eine rein praktische Normung, die den physiologischen Erfordernissen nicht gerecht wird. — Nimmt man, wie Tschermak, an Stelle des Doppelkegels eine Doppelpyramide als Farbenkörper, so lassen sich wenigstens die vier Urfarben Grün, Rot, Blau und Gelb hervorheben. Auch eine Anordnung der Farben auf einer Kugel wurde versucht, erstmalig wohl eingehender begründet von Ph. O. Runge, den auch Goethe in seiner Farbenlehre zu Wort kommen läßt. An diese Farbenkugel schließt sich in gewissem Sinn H. A. Bühler an, der aber den Hellcharakter des Gelben und den Dunkelcharakter des Blauen dadurch ausdrückt, daß er das Gelb näher an den weißen „Nordpol" stellt, das Blau näher an den schwarzen „Südpol", wodurch er eine Parallele mit dem Tierkreis (gesättigter Farbenkreis schief zur Polachse) erhält, die sich für seine Farbenlehre als recht fruchtbar erweist. Runge und Chevreul dritteln ihren Farbenkreis nach den Hauptfarben der Malerei Rot, Gelb und Blau. Strenggenommen aber entspricht diese Drittelung nicht den physiologischen Tatsachen, denn wir empfinden Grün in reiner Prägung als durchaus selbständig, und außerdem ist die Mischung von Grün aus Blau und Gelb nur bei Substanzmischung möglich (subtraktive Mischung, s. S. 68), während gelbes und indigoblaues Licht sich gegenseitig ganz oder fast farblos aufheben. Es ist klar, daß ein allgemeingültiger Farbenkreis nicht ausschließlich die malerischen Belange berücksichtigen darf. — Der scharfsinnige Physiologe E. Hering schuf einen rein empfindungsanalytischen Farbenkreis mit den vier Urfarben: Urrot, Urgelb, Urgrün, Urblau, wobei das Urrot nicht dem etwas gelbhaltigen Spektralrot entspricht, sondern schon mehr nach dem Purpur hinneigt. In diesem Kreis zeigen der rotwertige und grünwertige, ebenso der blauwertige und gelbwertige Anteil denselben Wert von 180 Grad, zwischen Rot und Gelb lägen deshalb 90 Grad, wie auch zwischen Rot und Blau, Grün und Blau usw.

Bei Hering stehen sich gegenüber Urgelb und Urblau, Urrot und Urgrün, während bei allen denjenigen Autoren, die nur drei Hauptfarben kennen (und zu ihnen gehören auch Goethe und der auf ihn aufbauende Schopenhauer), dem Gelben das Violette, dem Roten (= Purpur oder Pfirsichblüt) das Grüne gegenübersteht. Das kommt daher, daß Goethe die Gegenpaare nach den negativen Nachbildern auswählte (blicken wir lange auf eine rote Fläche, so erscheint ein grünes Nachbild usw.) und wohl von der Annahme ausging, daß nur dann zwei Farben gegenüberstehen dürften, wenn sie zusammen die Ganzheit der drei Goetheschen Farben enthielten. Da nun Violett aus Rot und Blau besteht, ergänzt es sich mit Gelb zum Vollkreis. Indessen will es uns scheinen, daß Tschermak nicht ganz unrecht hat, wenn er Goethes Farbenbenennung im Kontrastversuch einer farbigen Verstimmung des Auges durch die Außenbeleuchtung zuschrieb. Im Tageslicht leidet nämlich unser Auge fast ständig unter einer leichten Rotverstimmung, wobei das urgelbe Licht dann grüngelb würde, weshalb aber ein Violett als Gegenfarbe erscheinen muß. Am frühen Morgen ist das Auge meist etwas blauverstimmt. Bei wirklich neutraler Beleuchtung (bei der Weiß ein wirklich buntfreies schwarzes Nachbild liefert) steht tatsächlich dem Gelb ein tiefes Ultramarinblau oder ein nur leicht ins Violette ziehendes Blau gegenüber, aber nie ein eigentliches

Violett. Der Gegensatz zum Spektralrot ist dann deutlich bläulichgrün. Immerhin läßt sich ja sagen, daß die fast ständige Rotverstimmung bei Sonnenlicht, die sich ja ganz kraß bei Blendung durch Rotsehen schwarzer Buchstaben bemerkbar macht, zur physiologischen Norm des Auges gehört. — Goethe ordnet nun seine Farben auf dem Kreis so an, daß man die drei Hauptfarben auf die Ecken eines gleichseitigen Dreiecks setzen kann und an den nach unten weisenden Basisecken Blau und Gelb erhält, an der Spitze aber Rot (Purpur) anbringt. Ein entgegenstehendes und dieses überschneidendes Dreieck trägt dann, wie die Abb. 1 zeigt, an den Ecken die Mischfarben Orange, Grün und Violett. Wir erhalten so im Inneren des Kreises einen Sechsstern, dessen Ecken verbunden ein regelmäßiges Sechseck ergeben würden. Oben steht Rot, unten Grün, die Hauptfarben des Purpur- und Grünspektrums. Dabei kommt das für Goethe so wesentliche Urdreieck Gelb—Blau mit der Steigerung

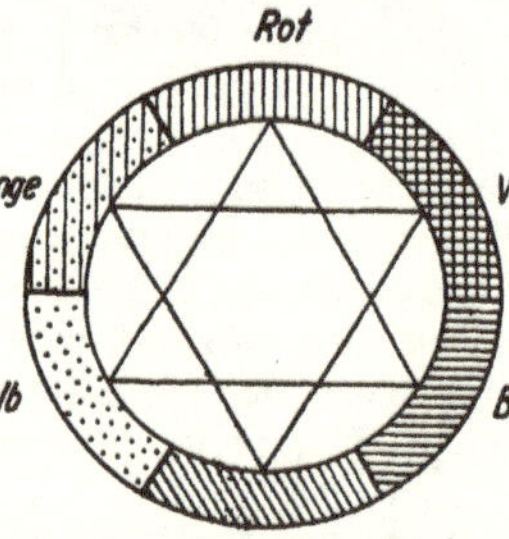

Abb. 1. Die Farbenanordnung bei Goethe.
Der Sechsstern ist der Deutlichkeit halber eingezeichnet.

ins Rote sehr gut heraus. Schwarz und Weiß bleiben diesem Farbenkreis fern.

Schließlich sei noch einer ganz neuen Arbeit H. H. Webers gedacht[1]), der nachweist, daß die Anordnung der Farben im Spektrum denselben psychophysischen Gesetzmäßigkeiten unterliegt, als deren angenäherten Ausdruck man in der Physiologie auf Grund des Weberschen Gesetzes, das sich mit der Abhängigkeit der Empfindungsgröße von der Reizgröße befaßt, die logarithmische Reihe ansehen darf. Während ja Ostwald das Webersche Gesetz (dieser Weber ist mit dem genannten H. H. Weber nicht identisch) bei der Anordnung der unbunten Farben walten läßt und es auch sonst in seinen Schriften heilig hält (obwohl dieses „Gesetz" nur innerhalb bestimmter Grenzen gültig ist), spielt es für ihn bei den unbunten Farben anscheinend keine Rolle. Es ist daher zu begrüßen, daß H. H. Weber diese Inkonsequenz beseitigt. Dieser Forscher stützt sich auf die physiologisch ziemlich sicher zu ermittelnden Urfarbenpunkte, die ja vor den übrigen Teilen des Spektrums dadurch ausgezeichnet sind, daß bei Intensitätsänderung oder bei längerer Betrachtung keine Farbtonänderung auftritt (s. S. 63) und setzt folgende Mittelwerte für

[1]) Vgl. Forschungen und Fortschritte, 14. Jahrg., Nr. 16, S. 186.

diese Urlichter an: 465 mμ Wellenlänge für Blau, 500 m μ für Grün, 570 m μ für Gelb. Setzt man diese Werte in Vergleich zu den Stufenzahlen einer entsprechend untergeteilten logarithmischen Reihe, so ergibt sich folgendes Bild:

Logarithm. Reihe . .	710	630	560	500	450	400
Wellenlänge in mμ .			570	500	465	
Urfarbenpunkt für . .			Gelb	Grün	Blau	

Von den übrigen Spektralfarben sind keine Urfarbenpunkte zu ermitteln. Besetzt man die noch freien Stufen der log. Reihe aber mit den entsprechenden fehlenden Farben, so erhält man eine ziemliche Übereinstimmung der Verhältnisse; denn der Farbenschwerpunkt für Rot würde dann gut zu der Zahl 710, der für Orange zu 630 und der für Violett zu 400 passen. Da im sichtbaren Rot noch ein geringer Gelbanteil steckt, dürfte die Zahl 710 m μ das Urrot etwa treffen. Die Übereinstimmung der Wellenlängenzahlen mit den Empfindungsschritten, die nach dem genannten Gesetz in einer logarithmischen Reihe dargestellt werden können, ist also offensichtlich. Auch sonst lassen sich einfache Grundstrukturen der Empfindung, wie etwa im Tonsystem, in logarithmischen Reihen darstellen, worin Weber übrigens in einer später (S. 156) noch zu erwähnenden Arbeit die höhere Formel erblickt, auf die sich die Verwandtschaft der Töne mit den Farben bezieht. Nach diesen Ausführungen käme für die Einteilung des Spektrums ausschließlich die Sechserzahl in Frage. Somit wäre nicht die Newtonsche oder Ostwaldsche, sondern allein die Goethesche Ordnung mit den gleichen Abständen des Rot von Gelb und Blau spektral- und empfindungsgemäß richtig.

Ohne weiter die einzelnen Auffassungen zu kritisieren, wollen wir nun versuchen, die bisher entwickelten Gedankengänge selbständig in ein Ordnungsschema zu bringen.

Wir erkannten das Licht als Umfassendes, Ausströmendes, die Finsternis aber als etwas Sich-Ballendes und nach der Materialisation Strebendes. Diese Gegebenheit drücken wir symbolisch am besten dadurch aus, daß wir das Licht als umspannenden Kreisbogen darstellen und die Finsternis in dessen Mittelpunkt als eine Sphäre eintragen. Ebensogut könnte man das Licht auch innen als ausstrahlenden Stern in die nach Zusammenballung strebende Finsternis sinnbildlich einzeichnen, aber die erste Darstellungsart ist praktischer. Da nun das Weiß ein im Körperlichen manifestierter Abkömmling des Lichts ist, ein Bild dieses fast geistigen Etwas, das wir Licht nennen, so müssen wir uns das Weiß in einem Kreisbogen symbolisiert denken, der als Sphäre in dem großen „Lichtkreis" liegt und bis zum Reich des Schwarzen, aber nicht in dieses hineinreicht. Das Schwarz müssen wir in der Nähe des Mittelpunktes suchen, da es ja in der Finsternis am idealsten in Erscheinung tritt. Wir zeichnen es aus technischen Gründen als kleinen Kreis direkt um den Mittelpunkt des Lichtkreises hinein (s. Abb. 2). Bis jetzt verfuhren wir ziemlich willkürlich; wir hätten ja auch das Weiß als Nordpol, das Schwarz als Südpol einer Kugel zeichnen können, schon um die Polarität sinnfälliger auszudrücken, aber das entspräche ja nicht dem Wesen des nach innen zusammenschrumpfenden Schwarz und des alles, auch die Finsternis umfassenden Lichts. Sicher ist aber in jedem Fall der Anordnung, daß der Streckenmittelpunkt zwischen Schwarz und Weiß Grau sein muß. Grau ist die einzige Farbe, die keinen Gegenspieler hat; sie ist gleichweit von den beiden Urfarben Schwarz und Weiß entfernt. Aber sie muß auch gleichweit von allen Farben entfernt sein, denn diese ergeben ja gemischt Grau[1])! Grau ist als eigene Qualität anzusehen, nicht nur als Tummelplatz des Schwarzen und Weißen, wie es bisher meist der Fall war[2]). Man kann ja in einem hellen Grau die Qualität Schwarz bei unvoreingenommener Betrachtung wirklich nicht sehen, ebenso erinnert ein Dunkelgrau wahrhaftig nicht an Weiß. Auch steht Grau den Buntheiten in keiner Weise so fremd gegenüber wie Schwarz und Weiß.

E. Hering (Zur Lehre vom Lichtsinn; 6 Mitteilungen an die k. Akademie der Wiss. in Wien 1878) schreibt ebenfalls: „Die Empfindung, welche diesem Zustand" (scil. neutraler Stimmung nach längerer Verdunkelung) „des Sehorgans entspricht, habe ich als das mittlere Grau bezeichnet und dasselbe zunächst als eine binär, nämlich aus Schwarz und Weiß gemischte Empfindung angesehen. Aber genau genommen ist dies nicht richtig; denn es sind in dieser Mischempfindung auch die vier Grundfarben enthalten, jedoch so schwach, daß sie nicht über die Schwelle, d. h. nicht deutlich erkennbar hervortreten, und nur die Verwandtschaft dieses Grau mit Schwarz und Weiß offenbar ist."

Zur weiteren Kennzeichnung des Grau müssen wir noch kurz des sog. Eigengraus gedenken: Das im völligen Dunkel

[1]) Nicht Weiß! Die physikalische Lichtermischung ist eine Aufhebung des Farbigen, wobei dann das vorher schon vorhandene Licht bleibt, also überhaupt keine neue Farbe entsteht. Wirkliche Farbenmischungen, etwa auf einem Drehkreisel oder einer Spiegelvorrichtung, mit Filtern usw., ergeben stets Grau.

[2]) Adolphe Bernays kommt auf Grund seiner neuesten Arbeit in der Vierteljahrszeitschrift der Naturf.-Gesellschaft in Zürich, 82. Jahrg., 1937, S. 161—196, zu demselben Ergebnis.

beobachtete Gesichtsfeld erscheint nicht absolut rabenschwarz, sondern in verschiedenem Grau, das bald heller, bald dunkler wird, sich aber niemals zum Weißen oder auch zum Schwarzen bekennt. Auch ohne äußeren Reiz hört also die Tätigkeit der Sehzellen nicht auf; das beweist schon das Flackern jenes Eigengrau, das dann in krankhaften Zuständen zu Lichterscheinungen starker Art (Flimmerskotome!) und zu halluzinatorischen Gesichtserscheinungen führen kann (die phantastischen Gesichtserscheinungen untersuchte vor allem Joh. Müller). Auch Erblindete mit atrophiertem Augennerv sehen kein schwarzes, sondern ein graues Gesichtsfeld vor sich. — Nachdem das schwarze Nachbild der Helligkeit verklungen ist, tritt bei anhaltender Verfinsterung dieses Eigengrau immer deutlicher in Erscheinung. Es zeigt so recht, wie Grau der eigentliche Grund ist, auf dem sich alles Farbige, Licht- und Schattenhafte abspielt. Es ist die innere Entsprechung der objektiven Mischung aller Farben und Helligkeiten in der Außenwelt, der Grundstein, der für alle Lichter und Farben unentbehrlich ist und dabei doch reserviert bleibt, indem das Grau zu keiner Farbe eine besondere Freundschaft zeigt. Völlige Bewegungslosigkeit zeichnet das Grau aus, wenn es für sich gewertet wird. Es ist der Bezugspunkt für alle Farben, ja für alle Empfindungen schlechthin. Der Druck auf den Augapfel löst eine Helligkeitsempfindung aus, gleichsam als stemme sich das Helle, Weiße, gegen das zum Schwarzen führende Zusammenpressen. Man erlebt bei solchen Versuchen unmittelbar die polare Gegenstellung des Auges zur Umwelt, die wir oben erwähnten. Läßt der Druck nach, dann gewinnt erst einmal das Schwarz die Oberhand, um bei völliger Ruhe dann wieder in das ursprüngliche Eigengrau zu versinken. Grau ist immer der Schoß für alles Zukünftige und das Grab für alles Vergangene. („In grauen Zeiten!") Aus dem Eigengrau des Auges kann z. B. durch elektrische Reizung Verdunkelung oder Erhellung, ja bei starker Reizung sogar Buntsehen erzielt werden. Im Inneren des Auges sind im Eigengrau ebenso alle Möglichkeiten enthalten wie im äußeren Bild der Farbenwelt, die auf uns einwirkt. — Grau stellt somit in unserem Kreisschema die mittlere Sphäre dar, um die sich alle Farben bis zum Weiß und (nach innen hin) bis zum Schwarz gruppieren. (Der Mittelpunkt des Graukreises liegt also in der Mitte zwischen Weiß und Schwarz, deren Mittelpunkte er schneidet.)

Von den Urbuntheiten Grün und Purpur wissen wir, daß sie dem Licht und der Finsternis angehören, ferner daß ihre Mischung Grau ergibt. Also gehört auf unserem Schema Abb. 2 das Grün zwischen Grau und Weiß, Purpur zwischen Grau und Schwarz auf dem herausgegriffenen Halbmesser. (Der ganze „Lichtkreis" ist natürlich mit solchen Radien „angefüllt" zu denken.) Nehmen wir die Strecke Schwarz—Purpur in den

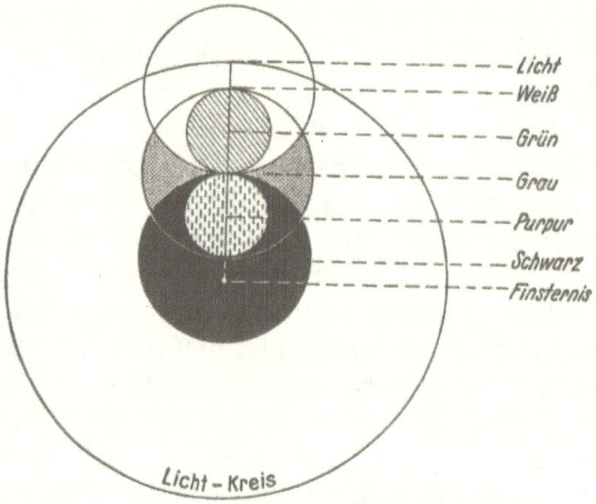

Abb. 2. Die Urfarben und ihr Verhältnis zu Licht und Finsternis.

Zirkel und schlagen damit um den Purpurmittelpunkt einen Kreisbogen, so erhalten wir die Sphäre des Purpur. Das Entsprechende tun wir beim Grün. Nun liegen die Kreise der Urbuntheiten erstens innerhalb des Graukreises und zweitens einmal (Grün) im Weißkreis, andermal (Purpur) im Schwarzkreis. So haben wir die Urfarben anschaulich geordnet. Wollen wir aber auch die anderen Farben noch unterbringen, so müssen wir erst einmal das Kugelbild zum Flächenbild vereinfachen und an Stelle der Sphären Punkte fixieren. Dazu errichten wir zunächst die Achse Weiß—Schwarz, in deren Mittelpunkt sich Grau befinden muß. Es umfaßt Schwarz und Weiß ebenso, wie es sich von diesen Farben sondert (Schnittpunkt des Weiß-

und Schwarzkreises, Graukreis = der Kreis mit dem Radius Schwarzpunkt—Graupunkt oder Weißpunkt—Graupunkt). Das Grau umfaßt aber auch alle bunten Farben, weshalb wiederum der Kreis der Buntheiten mit dem Mittelpunkt im Graupunkt die Grün- und Purpursphäre umschließen muß. Da nun bei

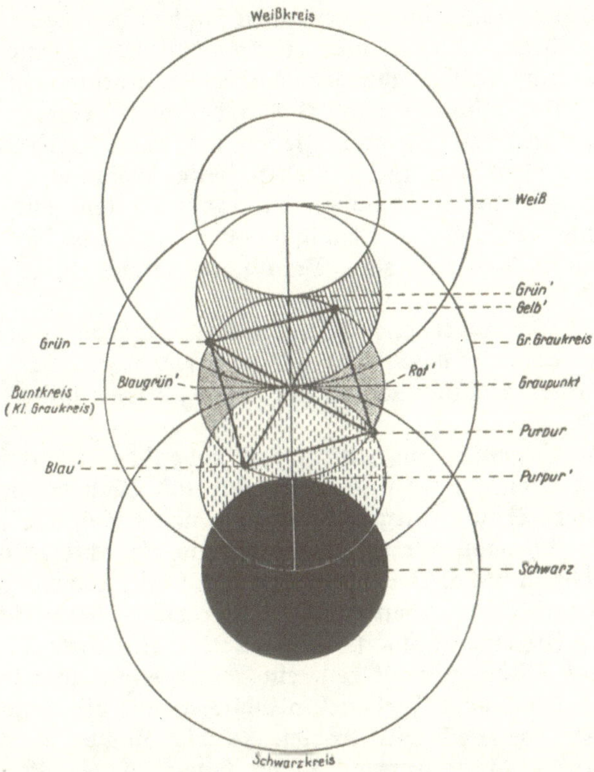

Abb. 3. Festlegung der Farbenpunkte und angenäherte Lage von Gelb und Blau in bezug auf die Urfarben.

nicht räumlicher Anordnung Grün—Purpur nicht unmittelbar auf der Weiß-Schwarzachse selbst liegt, weil es ja keine ungestörte Verbindung zwischen Schwarz, Purpur und Grau usw. geben kann, so nehmen wir als Grünpunkt denjenigen Punkt auf der Grünkreisperipherie an, der sich mit dem Buntkreis (Radius: Grau—Grün; Mittelpunkt: Grau) schneidet, und wählen von den beiden Schnittpunkten den linken. Da sich Grün und Purpur zu Grau auslöschen, die Verbindung beider Buntheiten also durch den Graupunkt führen muß, wählen wir bei dem entsprechend zu konstruierenden Purpurkreis den rechten Schnittpunkt, wie es in der Abb. 3 gezeigt ist. Wir durften dabei keinesfalls die Grün-Purpurachse senkrecht zur Weiß-Schwarzachse anbringen, weil sonst ja das Grün aus der Weiß- und das Purpur aus der Schwarzsphäre geraten wäre. — Die nun vorliegende Konstruktion entspricht also genau unseren Vorstellungen vom Wesen der vier Urfarben; sie ist aber eigentlich räumlich zu verstehen, indem die Weiß-Schwarzachse von oben nach unten ziehen sollte, während die Grün-Purpurachse von „hinten-oben" nach „vorn-unten" läuft. Doch lassen wir dies in Zukunft ruhig aus den Augen, da die Farbenordnung ja doch nur eine Veranschaulichung einfachster Art sein soll.

Das Schema wäre nicht ausreichend, würde es nicht auch die Lage, d. h. also das Wesen und die Zugehörigkeit der anderen Hauptfarben erkennen lassen, also Gelb, Blau und Rot vornehmlich.

Im Gegensatz zu den in sich ruhenden, inaktiven und statischen Urbuntheiten sind Gelb, Rot und Blau ihrem Wesen nach innere Bewegung und nicht eigentlich bloßes Bild. Sie erweisen sich dadurch aber auch durchaus als echte Kinder des Lichts, das ja in der Bewegung nur sein kann. Schwarz, Weiß, Purpur und Grün geben ruhige Hintergründe für verschiedene Farben. In einer grünen Fläche würde ein Purpurkreis die Ruhe des Bildes nicht stören, ein gelber Kreis aber auf dem Grün erscheint dem Farbenempfindlichen wie ein Gefangener im Käfig: das Gelb will strahlen, es will hinaus, es mag sich überhaupt nicht in Formen fassen lassen. Eine eckige Figur von gelber Farbe hält innerlich nicht zusammen; dieselbe Figur in Grün oder Purpur aber nähme vom Gestaltlichen nichts weg, sondern ließe es rein zur Geltung kommen. Ein blauer Kreis im grünen oder auch im purpurnen Feld wirkt ebenfalls beunruhigend, allerdings nicht, weil Blau wie Gelb überstrahlt, sondern weil es im Gegenteil „einstrahlt", d. h. sich verflüchtigt und in die Ferne rückt, auch hierbei wieder die Form hinwegtragend. Blau in reiner heller Ausprägung paßt nie für einen unbeteiligten Untergrund, als Großfläche erscheint es immer zu weit „hinten", wie ja auch das Blau des Himmels weit hinter den weißen Wolken — und seien sie noch so flächig und formlos — zu liegen scheint. Selbst gegenüber dem zarten Weiß behält Blau also seine Flüchtigkeit. Gelb und Blau sind so rechte Gegensätze.

Es mag sich hier um reichlich subjektive Empfindungen handeln, die man nicht gerne in einer wissenschaftlichen Abhandlung sieht, die ja, um „exakt" zu sein, auf alle diese Dinge keinen Wert legt, dafür aber auch niemals das Wesen der Farben erkennen kann. Subjektivität im Sinne von individueller und willkürlicher Tatsachendeutung ist natürlich strengstens abzulehnen, aber hier handelt es sich um eine „objektive" Subjektivität, indem unser Empfinden ganz allgemein (bei allen Tieren sogar, die sich daraufhin prüfen lassen) in der gleichen Weise reagiert. Es gibt keinen Menschen, der die Empfindung hat, daß Gelb eine kalte, in sich weisende Farbe sei. Ganz besonders eindeutig, und doch von der Wissenschaft durchaus vernachlässigt, ist der Empfindungsgegensatz bei Rot und Blau, die in bezug auf ihre Bewegungstendenz als Gegenfarben angesprochen werden müssen. Wir malen uns eine rote Kreisfläche aufs Papier, die wir mit einem breiten blauen Ring umgeben, und setzen daneben die umgekehrte Figur, also einen blauen Kreis mit rotem Ring. Im ersten Fall erscheint uns das Rot wie ein vorspringender Siegellackknopf, im anderen aber dünkt uns das Blau irgendwie hinter dem Roten zu sein, oder man hat den Eindruck, daß da um eine blaue, vielleicht nach hinten ausgewölbte Kreisfläche ein dicker roter Rettungsring liegt. Es handelt sich hier um eine ganz allgemein bekannte Farbenperspektive, die sich physikalisch-physiologisch nicht einfach erklären läßt. Die Tatsache, daß das Blau eine kurze, das Rot eine lange Wellenlänge besitzt und die verschiedene Brechbarkeit mögen wohl erklären, daß Rot und Blau nicht auf dieselbe Netzhautstelle gebrochen werden. Durch Akkomodationsbewegungen (die uns ja auch beim Entfernungsschätzen dienen) versuchen wir die beiden Farben in eine Fläche zu bringen, was aber die Folge hat, daß wir Blau weiter, Rot näher sehen. In der Tat kommt uns ein blau angestrichenes Zimmer größer vor als ein rotes, dessen Wände auf uns zuzurücken scheinen, um uns schier zu erdrücken. Aus demselben Grund erscheint uns ja auch ein blaues Viereck größer als ein objektiv gleich großes rotes, weil wir es „eigentlich" weiter in die Ferne verlagern und seine wahre Größe deshalb für erheblicher halten. Die französische Trikolore trägt diesem Trug Rechnung; das rote Feld scheint uns zwar gleich groß mit dem blauen zu sein, aber wenn wir die Felder nachmessen, erhalten wir für das blaue kleinere Werte als für das rote; durch Ausprobieren hat man hier diejenigen Maße gefunden, die uns zwei gleich große Felder vortäuschen.

Blau, Gelb und Rot haben also eine gewisse innere Bewegtheit. Sie sind dynamische Farben im Gegensatz zu den vergleichsweise statischen: Schwarz, Weiß, Purpur und Grün[1]). Die Bewegung des Gelben liegt im Ausstrahlenden, die des Blauen im Einstrahlenden (Mitnehmen, in die Ferne tragen), und das Rot kommt auf uns zu. Man kann fast sagen: Blau = Einatmen, Gelb = Ausatmen, Rot = tätige Handlung. In jedem Fall wird uns die Dreiheit dieser Hauptfarben zu einem Kräftedreieck. Das Grüne war nur ein Abbild des Lebens im Stofflichen, ein Abgesandter des Lichts, das Rot aber führt dieses Leben zur aktiven Tat. Rot verkörpert gleichsam die animalische, Grün die vegetative Ordnung. Blut ist rot bis purpurfarbig. Im aktivsten Zustand, also wenn es sauerstoffbeladen die Organe versorgt, erscheint es hellrot; hat es „ausgeatmet", dann erscheint es bläulichrot. Das Blaue aber sehnt sich nach Einatmen: so wird es wieder hellrot. Dieser Rhythmus der Blutfarbe (Blau und Rot sind die Farben des Innerlichen und stehen dem Purpur nahe, das für sie krönender Ausgleich ist) entspricht dem ständigen Pulsen des Herzens, dem Ein- und Ausatmen. Aus der polaren Spannung, die sich gerade dadurch ergibt, entspringt tätiges Leben. Stirbt aber der Körper ab, so geht er in die grüne Verwesungsfarbe über, die nur noch ein Bild des Lebens, nicht mehr das Leben selber ist.

---

[1]) Auch R. Steiner unterscheidet in seinem Vortrag über die Farben Blau, Gelb und Rot als „Glanze" von den „Bildern" Schwarz, Weiß, Pfirsichblüt und Grün. Er begründet und belegt jedoch diese rein aus der Anschauung und Verinnerlichung gewonnenen Ergebnisse nicht weiter und führt auch nicht auf sie zwingend hin.

Grün hat zwar im Spektrum keine, aber im geschlossenen Farbenkreis das Purpur als Gegenfarbe. Dieses Purpur steht ihm gegenüber als Bild und Ausdruck der Gesamtheit von Lebenskräften; Purpur ist nicht nur die selbst inaktive Mittelfarbe des ruhenden Blutes, sondern Purpur ist überhaupt die Krönung aller Buntheiten; in ihm erfüllt sich das Blaue, das Gelbe und das Rote. Dort werden alle Farben abgeklärt im Ewig-Seelischen. Purpur ist das Ruhende im Reich der zu-

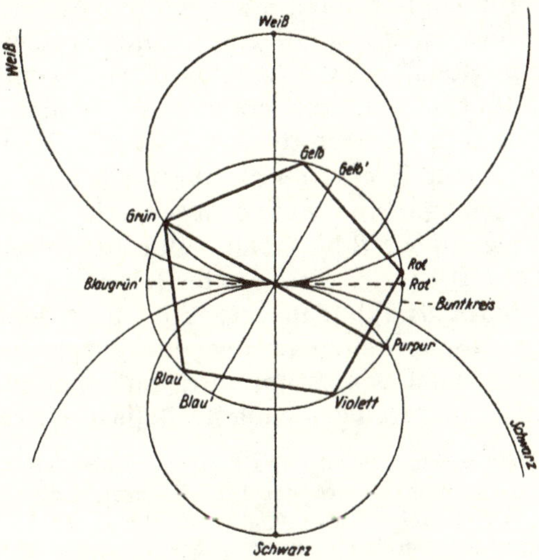

Abb. 4. Umkonstruktion zum Farbenfünfeck.

sammenziehenden, nach innen weisenden Kräfte — Grün ist das Ruhende im Reich der nach außen sich verstreuenden Kräfte des Lichts. Diese Charakteristik ermöglicht es uns, die drei dynamischen Buntheiten ins rechte Verhältnis zu den zwei Bildfarben, den statischen Buntheiten, zu bringen. Unsere Achse (Abb. 4) Grün—Purpur ist die ruhende Achse in der Farbenerscheinung. Ihre Lage hatten wir bereits festgelegt. Wir hatten dabei eine gewisse Wahlfreiheit, aber jetzt gilt es, die Achse als feststehend für die anderen Farben anzusehen, gleichgültig, wie sie im einzelnen liegt. Versuchsweise wollen wir nun Blau und Gelb, die ja, weil sie sich gegenseitig zu Grau auslöschen, als Endpunkte einer auf Grün—Purpur senkrecht stehenden Achse annehmen, die eben durch den Graupunkt führen muß. Die vertikale Achsenstellung erscheint schon deshalb ungefähr gerechtfertigt, weil Gelb von Grün und Purpur etwa gleichweit entfernt ist, ebenso wie Blau von Purpur und Grün; allerdings ist diese Frage des Abstands damit noch keineswegs gelöst, wie wir später sehen werden. Sicher ist aber, daß das Gelb irgendwo in den Kreis des Weißen hineingehört, denn es verrät unzweifelhafte Beziehungen zum Licht; es strahlt von innen her, wirkt anregend und klärend, und keine Farbe außer ihm und Weiß sind empfindlicher gegen Beschmutzung (Verdunkelung). Es beleuchtet alles in reinem Glanz und verheimlicht nichts, wie etwa das „mystische" Violett, auf das wir noch zu sprechen kommen. Ebenso sicher ist es, daß das Blau mehr der Finsternis angehört als dem Licht[1]).

Auf unserem Schema Abb. 4 liegen also Blau und Gelb dort, wo sich die auf der Achse Grün—Purpur senkrecht stehende Gerade mit der Peripherie des Buntheitskreises (dessen Mittelpunkt der Graupunkt ist) schneidet; Blau liegt dann „unten", Gelb „oben". Wir erhalten so zwei gleichschenklige Dreiecke, deren Spitzen einmal den Grünpunkt, andermal den Purpurpunkt bedeuten und deren gemeinsame Basis die Strecke Blau—

[1]) Erstens die verinnerlichende Kraft, zweitens die Tatsache, daß Blau — nach Ostwald — immer einen gewissen Schwarzgehalt besitzt und sich dem Licht nie als vollendeter Glanz hingibt. Drittens wäre hinzuweisen auf Goethes Anschauung von der Entstehung des Blau als einer Trübe vor schwarzem Hintergrund bei auffallendem Licht. In der Tat erscheint uns ja die Atmosphäre vor dem schwarz zu denkenden Weltenraum blau; schiebt sich aber etwas Trübes vor die Sonne (durchleuchtete Trübe), so erscheint diese gelb bis rot (Abendrot). Auch beim Tabakrauch sieht man ja, daß er gegen eine schwarze Fläche blau erscheint, gegen die Helligkeit aber gelblich oder rötlichbraun. Dies sind einfache Anschauungen, die mit der physikalischen Erklärung dieser Dinge durch die verschiedene Absorption verschieden langer Wellenschwingungen (Blau stärker gestreut, Rot weniger) nichts gemein haben. Goethes Erklärungen sind aus der Anschauung selbst gewonnen, und keiner kann die Tatsachen, auf die sie sich beziehen, leugnen. Seine Erkenntnis der „Trübe" (man darf dabei nicht an dicken Schlamm denken, sondern vergegenwärtige sich, daß Weiß die vollendetste Trübe ist) ist ja für die polare Zuordnung der Farben zu Licht und Finsternis überaus fruchtbar. Ohne eine gewisse Trübung (z. B. durch das Glasprisma) entwickeln sich aus dem Licht überhaupt keine Farben; wir sagten ja auch, daß sich die Farben als Offenbarungen des Lichts in der Stofflichkeit deuten lassen müssen.

Gelb ist. In dem Dreieck Blau—Gelb—Purpur finden wir die polare Spannung des Einatmens und Ausatmens und die Steigerung der beiden Pole zum erhabenen Purpur wieder. Das Gelb steigert sich natürlich über Rot, das Blau über Violett zum Purpur; diese beiden Farben müßten also zwischen Gelb und Purpur bzw. Blau und Purpur liegen. Das andere Dreieck Blau—Gelb—Grün verdeutlicht, wie sich Blau und Gelb aus ihrer polaren Spannung im Grün entspannen (nicht steigern). Grün enthält scheinbar beide Farben; wenn es in reiner Ausbildung auch eine einheitliche Farbenempfindung hervorruft. Aber bei Hinzutritt von Blau oder Gelb in ganz geringen Mengen erhält das Grün als totes Bild des Lebens sofort Aktivität. Grün ist der Lebensgrund, Gelb und Blau sind die ersten Wesenskundgebungen des Lebens: Ausatmen und Einatmen. Purpur aber ist die Vollendung und Verinnerlichung des Lebens, das auch den Tod im ewigen Wechselspiel umfaßt. So wäre unsere Figur allerdings entsprechend der Eigenart aller Farben angeordnet: man erkennt die graue gegensatzlose Mitte, die Kräftepole Weiß und Schwarz, denen sich die Buntheiten einordnen, ausgehend von Grün als dem Bild des Lebens im Stofflichen und von Purpur als dem des Lebens im Seelischen.

Aber dennoch befriedigt uns unser Schema noch nicht. Es kann der Fülle des Farbigen noch nicht voll gerecht werden, selbst wenn wir es uns körperlich vorstellten oder es zusammen mit den Mischfarben zu einem Sechseck im Goetheschen Sinn umbauten. Noch unbewiesen ist die willkürliche Entfernungssetzung zwischen Gelb und Grün und Purpur usw., die Gleichmäßigkeit und Ruhe der Seiten, diese geradezu kristallhafte Ausgeglichenheit, paßt im Wesen nicht zum ewig Lebendigen und Wachsenden, zum Sich-Verjüngen des Reiches, dem das Licht nun einmal mitsamt der Farbenwelt angehört. Wir müßten ein Schema finden (daß wir ein solches brauchen, leuchtet ja ein; denn nur aus der Ordnungsmöglichkeit wird uns die Gesetzmäßigkeit erklärlicher), das auch die dynamische Symmetrie und nicht nur eine statische andeutet, die Raum und Zeit überwindet. Die Berechtigung zur Suche einer besseren Darstellung des Farbigen im Flächenhaften (das uns ja hier nur zur Verfügung steht), wird auch dadurch begründet, daß wir bisher für das Rot keine ausgezeichnete und eigene Ecke haben, sondern daß es hier gleichsam als Mischfarbe behandelt wird, während in Wirklichkeit doch gerade das Purpur nur als Mischung möglich ist und im Spektrum, wo nur homogene Lichter auftreten, fehlt. Auch entspricht es nicht den tatsächlichen Verhältnissen, daß der Abstand zwischen Grün und Gelb genau so groß ist wie zwischen Gelb und Purpur, denn zwischen Gelb und Purpur liegt ja noch die Hauptfarbe Rot, Orange gar nicht mitgerechnet, während zwischen Gelb und Grün nur das dem Orange entsprechende Mischglied Gelbgrün, aber keine besondere Qualität liegen kann. Fassen wir Violett noch als selbständige Qualität auf (es gibt spektral ja ein sehr ausgedehntes homogenes Violett, während Purpur eine Mischung von Licht verschiedener Wellenlänge ist), so müßte auch zwischen Blau und Purpur noch die Ecke des Violetten liegen. — Kurz: unser Schema ist noch nicht fertig.

Einen guten Anhaltspunkt für die tatsächliche Lage der Farben im Schema, dessen Grün-Purpur-Achse natürlich bestehen bleiben muß, gibt eine Überlegung: Rot ist eine Farbe, die in ihrer edelsten Ausprägung einen wichtigen Umschlagspunkt bezeichnet; nämlich den Umschlag von der w a r m e n Zinnoberfarbe in die k a l t e Purpurfarbe, damit aber auch von den hellen zu den dunklen Farben. Außerdem ist Rot eine Farbe, die beim Tagessehen hell, beim Dämmerungssehen dunkel wirkt. Es müßte in unserem Diagramm also genau in der Mitte zwischen Weiß und Schwarz liegen, m. a. W. auf der zu dieser Helligkeitsachse senkrecht stehenden und durch den Graupunkt ziehenden Achse. Da nun das Rot zweifellos dem Purpur näher steht als dem Grün, so muß es also auf die rechte Seite der Figur zu liegen kommen. Gegenüber dem Rot würde dann nicht Grün liegen, das ja auch nicht die Gegenfarbe zu Scharlachrot ist, sondern ein Grünblau, das wiederum einen Umschlagspunkt von Hell und Dunkel, Warm und Kalt bedeutet (Blaugrün ist die kälteste, Rot die wärmste Farbe).

Nach allen diesen gewichtigen Gründen erschien mir keine andere Figur für unsere Zwecke geeigneter als das regelmäßige F ü n f e c k. Denn es ist wahrhaftig eine Figur der dynamischen Symmetrie, die Raum und Zeit überwindet, es ist eine Figur, die nicht im Kristallreich vorkommt, dafür aber häufig genug im organischen, besonders im Pflanzenreich erscheint. Da das Licht, wie wir sahen, fast einen organischen Charakter hat (ohne selbst organisch zu sein) und da doch das Licht mit der Farbenwelt sowohl das Anorganische wie das Organische umfassen muß, wäre ein Fünfeck — als einer höheren Ordnung angehörig — als Schemafigur des Farbenlebens geeignet. Im Fünfeck gibt es viele Dreiecke, mit Hilfe deren sich Bewegungen (Drei = Dreh!) ausdrücken lassen, und allerlei sonderbare Linien, wiederum kleine Fünfecke und eine Fülle von Winkeln — wir werden sehen, wie zwanglos sich dieses Liniengeflecht mit dem Wesen der darin eingeordneten Farben deckt, als wären sie tatsächlich in einem Fünfeck angeordnet.

In unserer Abb. 4 nehmen wir die notwendig gewordene Umkonstruktion der alten Farbenfigur zum Fünfeck vor. Wir belassen den Grünpunkt und legen in diesem einfach den Fünfeckswinkel von 108 Grad an, wobei die Achse Grün—Purpur Winkelhalbierende sein soll. Die freien Schenkel schneiden dann oben den Buntkreis im wirklichen Gelb, das also etwas weiter zur Weiß-Achse hin liegt als unser versuchsweise angegebenes Gelb' — gewiß eine Verbesserung; denn Gelb ist die hellste bunte Hauptfarbe. Das Rot kommt nur ein wenig mehr aufs „warme" Gebiet als das errechnete Rot', das ja übrigens im Spektrum gar nicht sichtbar ist, wir erhalten (wenn wir nur die bekannte Seitenlänge wieder abtragen) eine besondere Ecke für Violett, was uns ebenfalls befriedigt; wir müssen Blau entsprechend weiter nach dem Grün rücken und gelangen — die Figur „geht auf" — nun wieder zum Grün. Natürlich muß nun das Purpur von seiner Stelle auf die Fünfeckseite Rot—Violett rutschen, was aber in Anbetracht der Mischfarbigkeit des Purpur, wie wir noch sehen werden, in der Praxis sehr notwendig erscheint. Mischfarben sind jetzt überhaupt nicht mehr auf den Ecken zu sehen, dort liegen vielmehr die fünf Hauptfarben des Spektrums. Aber ein weiteres ist durch diese Veränderung geschehen: Gelb und Blau liegen sich nicht mehr so gegenüber, daß ihre Verbindungslinie durch den Graupunkt führt. Das ist aber nur eine Verbesserung; denn das Blau' in Figur 4 war eigentlich nur eine Abstraktion. Wir wissen ja, daß das reine Blau gar nicht die Gegenfarbe zu Gelb ist, sondern es stehen sich nur Gelb und Indigo, Goldgelb und

Blau gegenüber, so daß also das Blau, das dem reinen Gelb entgegensteht, ins Violette ziehen muß, wie es die Figur auch angibt. Ferner ist die Verbindungslinie zwischen Gelb und Blau näher nach der grünen Fünfecksseite gerückt, was ja berechtigt ist, denn helles Gelb und vollkommen violettfreies Blau ergeben bei Addition der Spektralfarben ein grünliches Hell; neigt das Blau aber nur etwas ins Grünliche und das Gelb nur eine Kleinigkeit ins Zitrongelbe, dann ergibt die Mischung dieser beiden Farben schönes, wenn auch ungesättigtes Grün.

Wir werden gleich sehen, wieviel das Fünfeck[1]) über die Farben verrät und wie sich an ihm die ganze Farbenharmonie entschleiert. Doch sei vorher noch betont: dieses Fünfeck ist nicht die Farbenwelt, und wir haben es auch nicht gezeichnet, um durchaus etwas Neues zu bringen oder die Figuren anderer Autoren als falsch hinzustellen; nein, diese Figur erleichtert uns am meisten das Verständnis des farbigen Kräftespiels an einer flächenhaften Darstellung. Das Fünfeck erlaubt Berechnungen[2]), aber dazu ist es nicht da, es will weiter nichts besagen, als daß man die Farben am bequemsten so betrachtet, als ob sie auf einem Fünfeck verteilt wären. Wir haben hier augenfälligere Verhältnisse vor uns als beim „demokratisierenden" Kreis, der keine Unterschiede und Werte der einzelnen Farben und Mischfarben kennt, wir finden im Fünfeck das Empfangende und die lebendige dynamische Symmetrie besser verwirklicht als im Sechseck[3]) oder Quadrat. Es enthebt uns der Projektionsdarstellung räumlicher Gebilde, weil man es an sich leichter außerhalb eng dimensionaler Grenzen als lebendiges Hin und Her, Wachstum und Vergehen erkennen kann.

---

[1]) Wir nahmen der Einfachheit halber das regelmäßige Fünfeck, obwohl — wie die Konstruktion andeutet — ein etwas unregelmäßiges den Verhältnissen gerechter werden würde.

[2]) Diese könnten nach Art der Näherungskonstruktion auch nur Näherungswerte ergeben.

[3]) Hierin, das ja auch durch die Webersche Logarithmenreihen-Ordnung als das Richtigste erscheint, entspricht Gelbgrün nicht dem Orange, indem dieses eine Ecke einnimmt, jenes aber nicht.

Das Farbenfünfeck; Mischung, Polarität und Harmonie.

In der Abb. 5 müssen wir uns eigentlich die Schwarz-Weiß-Achse, also die Achse, die durch den Graupunkt ziehend Weiß und Schwarz verbindet (wir nennen sie nun kurz Grau-Achse), das Papier von hinten-unten durchstoßend denken. Oberhalb des Graupunktes tritt sie wieder nach vorn aus. Diese Grau-Achse ist zur Fläche des Fünfecks ganz bestimmt geneigt

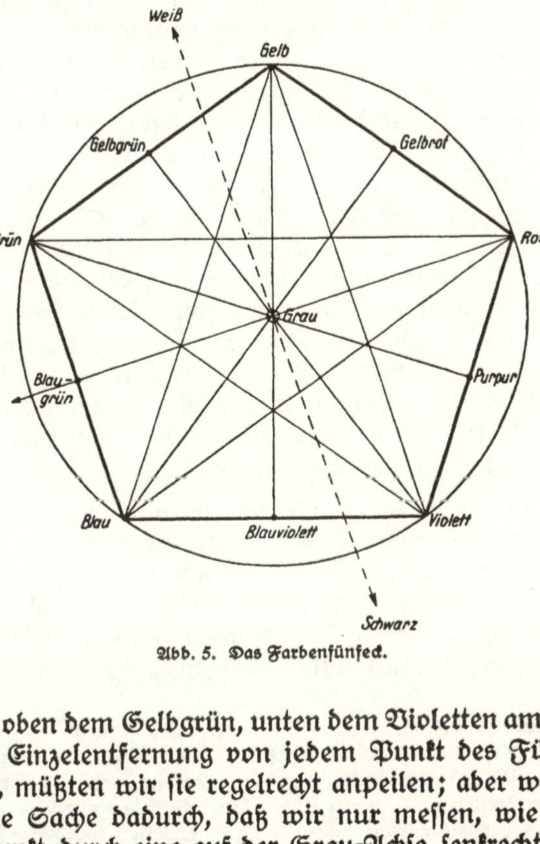

Abb. 5. Das Farbenfünfeck.

und steht oben dem Gelbgrün, unten dem Violetten am nächsten. Um ihre Einzelentfernung von jedem Punkt des Fünfecks zu erkennen, müßten wir sie regelrecht anpeilen; aber wir vereinfachen die Sache dadurch, daß wir nur messen, wie weit ein Farbenpunkt durch eine auf der Grau-Achse senkrecht stehende Linie von ihr entfernt ist; wir erhalten dann wenigstens Vergleichswerte. Dadurch wird es auch überflüssig, die Grau-Achse stets räumlich zu denken.

Auf der Grau-Achse darf natürlich nur eine andere Achse senkrecht stehen, und das ist die geradlinige Verbindung von Blaugrün nach Rot[1]), den beiden Umschlagsfarben für Hell und Dunkel. Beim Dämmerungssehen weist Blaugrün den höchsten, Rot den geringsten Helligkeitswert auf. Gleichzeitig ist Blaugrün (Eisgrün) die kälteste, Rot die wärmste Farbe; die Grau-Achse scheidet also in der Figur auch die warmen von den kalten Farben. Dieselbe Achse gibt uns weiterhin einen gültigen Hinweis darauf, was wohl die hellsten und die dunkelsten Farben sind. Betrachten wir zunächst nur die Eckpunkte, die also die Hauptfarben tragen, so liegt Gelb am nächsten an der Grau-Achse, die hier die Helligkeit bezeichnet, weil sie ja nach oben zu ins Weiß führt. Dem Gelb steht komplementär das Blauviolett gegenüber, das allerdings als Mischfarbe nicht volle Sättigung erreichen kann[2]). Genau der Grau-Achsenrichtung entsprechen oben gelbliches Grüngelb und unten schwach bläuliches Violett. Daß tatsächlich Grünlichgelb die hellste Farbe ist, geht schon daraus hervor, daß es nahezu weiß erscheint, wenn man es stark beleuchtet. Blau hingegen, das — etwa wie Enzianblau — ganz wenig ins Violettblaue hinüberzieht, wird bei herabgesetzter Lichtstärke (Augenblinzeln!) blauviolett, womit sich auch hier wieder das stark nach dem Violetten ziehende Blauviolett als die dunkelste Farbe erweist, wie unser Schaubild das voraussehen ließ.

Die fünf Hauptfarben, die wir hier angezeigt haben, leiten ihre Berechtigung aus der Verteilung im Spektrum und dem einheitlichen Empfinden dieser Qualitäten her. Im Gegensatz zu Goethes Farbenkreis und überhaupt zu allen Kreisordnungen treten hier die Hauptfarben deutlich vor den Mischfarben hervor. Hering unterschied anstatt fünf nur vier Ur-

[1]) Wir haben jetzt als Rot das Spektralrot genommen, das nicht genau dem Rot' der Abb. 4 entspricht, welches den eigentlichen Umschlagspunkt bezeichnet. Selbstverständlich rücken nun die anderen Farben entsprechend auf etwas andere Stellen als in dieser Abb. 5, doch sind das nur Verbesserungen, die bei Abb. 4 der Einfachheit halber noch unterlassen wurden.

[2]) Als Spektralfarbe kommt jeder Übergang zwischen zwei Hauptfarben natürlich rein vor; doch hier berücksichtigen wir ja die Substanzfarben oder eine Mischung mit Hilfe von Filtern. Reine Farben würden in der Abbildung auf dem Kreisbogen liegen.

farben (Grundfarben); doch wird man zugeben müssen, daß — wenn Grün eine einheitliche Empfindung gewährt — auch Violett (wenn man es nur für sich nimmt und rein ausgewogen wählt) eine einheitliche Farbe sein muß. Im Spektrum fehlt die Verbindung von Violett nach Rot, ja es ist hier sogar der größte Sprung in den Wellenlängen nachzuweisen, indem Rot eine doppelt so große Wellenlänge (800 mμ) aufweist als Violett. Aber schon das eigentliche, orangefreie „Urrot" fehlt im Spektrum, so daß erst recht Purpur ausfallen muß, dessen Gegenfarbe „Urgrün" allein vorhanden ist. Lassen wir die Purpurseite aus der Figur aus und denken wir uns die Fünfecksseiten geradegestreckt, so erhalten wir die Farbenanordnung im Spektrum. — Den Hauptfarben (Eckfarben) ist es eigentümlich, nur sich selbst ähnlich zu sein. Beim geringsten Verlassen der unbedingten Reinheit neigen sie sich aber schon — wie aus einem stabilen in einen labilen Zustand überführt — zur Nachbarfarbe hin. Ferner bleiben die Hauptfarben sich bei wechselnder Beleuchtung treu und spazieren dabei nie ins Gehege eines Nachbarn. „Mischlichter" hingegen zeigen bei Beleuchtungswechsel einen wankelmütigen Charakter. So wird Orange und auch noch Zinnoberrot (dagegen nicht mehr das reine Rot) bei stärkerer Beleuchtung gelblicher, Gelblichgrün wird gar weißlich. Wie die Mischfarben der hellen Figurhälfte (oberhalb der Achse Blaugrün—Rot) zu einer Veränderung nach dem Weißpol hin (also über Gelb nach Weiß) neigen, so tendieren die Farben der Dunkelseite mehr nach der Violett- bzw. Schwarzfarbigkeit, wenn die Beleuchtung herabgesetzt wird. Grünblau wird so bei schwacher Beleuchtung blauer, Blauviolett violetter und ebenso Purpur. Bei zunehmender Beleuchtung werden aber die Dunkelfarben keineswegs weißlich oder gelblich.

Man kann Grundfarben allemal nur auf den zwei Seiten zur Nachbarfarbe verfolgen, die die Ecke für die Grundfarbe bilden. Das Gelb läßt sich steigern ins Rote und schwächen ins Grüne, aber unter Umgehung dieser beiden Farben weder ins Blaue noch ins Violette überführen. Verbinden wir die fünf Hauptfarben, so erhalten wir die geheimnisvolle Fünfsternfigur, das Pentagramm, das im Inneren ein Fünfeck (umgekehrt!) aufweist[1]). Lassen wir mit Hilfe der zwangsläufigen Linienführung dieses Sterns das Gelb z. B. „einstrahlen", so sehen wir, daß es sich in zwei Sternspitzen gabelt, die blaue und die violette. Das Blauviolett, eine Mischfarbe, die wir mit dem Gelben so verbinden können, daß diese Linie den Sternwinkel von 72° in zwei 36°-Winkel halbiert, stellt die Ergänzungs- oder Gegenfarbe des Gelb dar. Weiterhin sehen wir leicht, daß das Gelb sich gleichsam in die beiden Sternspitzen Grün und Rot hineindrängt oder doch mit ihnen in Berührung kommt; in der Tat gibt eine Mischung grünen und roten Spektrallichtes Gelbtöne; es steht also wirklich zwischen Grün und Rot. Im übrigen mag der Leser an der Figur selbst die Farbenbeziehungen ablesen und besonders die Gegenfarben zu jeder Farbe leicht feststellen. Die sternspitzenhalbierende Linie, die von Farbe zu Gegenfarbe zieht, geht notwendigerweise immer durch den Graupunkt, was damit übereinstimmt, daß die hier gegenständigen Farben sich auch in Wirklichkeit zu einer Farblosigkeit bzw. zu Grau auslöschen, wenn man sie mischt. Handelt es sich um eine Lichtermischung, so bemerkt man, wie fast immer Farblosigkeit (also reines Licht) bei der Mischung übrigbleibt. Bei der physiologischen Mischung auf der Drehscheibe oder dergleichen und bei der Zusammenstellung zweier Farbgläser aber entsteht ein verschiedenes, bald helleres, bald dunkleres Grau. Durch das Vorhandensein der Grau-Achse, die oben ins Weiß, unten ins Schwarz führt, ist nun ein Mittel gegeben, die Helligkeit dieses Mischungsgrau bzw. den Grauanteil bei irgendeiner Mischung ganz allgemein zu bestimmen, wenn auch nicht einwandfrei zahlenmäßig, was aber sowieso ziemlich belanglos wäre. Immerhin erkennen wir hier Verhältnisse, die sich aus den bisher entworfenen Farbenfiguren nicht ohne weiteres ablesen ließen. Der Graupunkt für Grün wäre nach der Figur nun näher als für Rot, das heißt aber: Grün muß von beiden die schwächere Buntheit sein! Der rechtwinklige Abstand des Grün von der Grau-Achse ist geringer als der des Rot. Weiterhin ist zu ersehen, daß eine Mischung (Verbindungslinie!) von Gelb und Blau eine viel

[1]) Um Mißverständnisse auszuschließen, sei gleich bemerkt, daß dieser Drudenfuß hier keinerlei mystische Bedeutung haben soll oder gar gerade wegen seiner Geheimnisfülle gewählt wurde.

größere Helligkeit (natürlich grünlich erscheinend) ergeben würde als die von Grün und Rot oder gar Grün und Purpur, wo eben das mittlere Grau (Graupunkt!) erreicht wird. In Kreiselversuchen kann man sich davon überzeugen, daß das Mischungsgrau von Gelb und Blau grünlichgelb-hellgrau, das Mischungsgrau von Rot und Grün gelblich-dunkelgrau aussieht. Mit Spektralfarben lassen sich solche Versuche leider nur schwer durchführen, aber Beobachtungen von Adolphe Bernays sprechen dafür, daß hier dieselben Verhältnisse vorliegen. Der genannte Autor hat in seinem „Versuch einer neuen Farbenordnung 1937" die Tatsachen, die sich aus unserer Figur von selber ergeben, auf ganz anderem Weg ebenfalls gefunden und führt dankenswerterweise in die Farbenlehre den Begriff der Buntheit ein, der an Stelle der nur physikalisch nachweisbaren, aber nicht zu beobachtenden Sättigung treten kann. An unserer Figur läßt sich ja leicht entscheiden, welche Farbe den geringsten und welche den größten Buntheitsgrad aufweist. Je weiter eine Farbe von der Grau-Achse (rechtwinklig gemessen) entfernt liegt, desto reiner und unbefangener kann sie gleichsam ihr buntes Wesen entfalten. Rot wäre demnach die bunteste, Gelb die wenig bunteste Farbe, was ja mit unserer Empfindung durchaus übereinstimmt. Daß Gelbgrün nicht nur theoretisch, sondern auch praktisch die blasseste Mischfarbe darstellt, braucht ebenfalls nicht weiter erläutert zu werden. Schwarz und Weiß besitzen natürlich gar keine Buntheit, dann folgen von den Hauptfarben Gelb, Grün und dicht danach Blau, schließlich Rot. Violett hat etwa dieselbe[1]) Buntheit wie Gelb, Purpur ist entsprechend so bunt wie Grün.

Verbinden wir nun (Abb. 6) die auf den Fünfecksseiten liegenden Mischfarben (die primären Mischfarben, wie wir sie nennen wollen), so erhalten wir wiederum ein Fünfeck. Naturgemäß liegen die primären Mischfarben alle dem Graupunkt etwas näher als die auf den Pentagrammspitzen thronenden Hauptfarben. Das ist ja leicht einzusehen, denn durch die Mischung kommen ja nicht nur Helligkeiten, sondern auch Dunkelheiten („Schatten") zueinander, weil jede Farbe an sich von

[1]) Verglichen mit der nahestehenden unbunten Farbe Schwarz ist Violett tatsächlich nicht in der Lage, sich stärker über diese unbunte Farbe zu erheben wie Gelb über Weiß.

einer unbunten Komponente „umhüllt" zu sein scheint, die beim Dämmerungssehen allein zur Geltung kommt. Ebenso klar ist es, daß die grauverhüllten Mischfarben ihrerseits wieder noch grauere bzw. lichtschwächere Mischungen ergeben. Auf unserer Figur liegen ja die Mittelpunkte der Seiten des zweiten, dem großen eingeschriebenen Fünfecks wieder näher am Graupunkt als die primären Mischfarben. Bei der Mischung der primären Mischfarben miteinander erhalten wir nun eigentlich wieder die Hauptfarben — doch sind diese diesmal stark grauverhüllt, „schmutzig". Aus

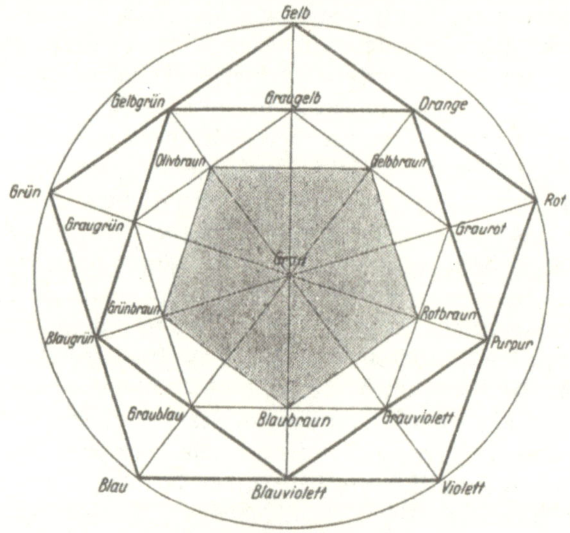

Abb. 6. Farbenmischung.

der Mischung Gelbgrün mit Blaugrün bleibt als beiden gemeinsamer Teil sozusagen das Grün übrig, aber es ist kein reines Grün, sondern ein trübes, weniger buntes und gesättigtes Grün. Wir wollen diese sekundären Grundfarben, wie wir sie nennen können, mit Graugelb, Graugrün usw. bezeichnen. Verbinden wir nun wieder diese sekundären Grundfarben miteinander, so erhalten wir abermals ein Fünfeck, dessen Seiten dem äußersten wieder parallel gehen. Was wir nun jetzt als sekundäre Mischfarben bekommen (z. B. aus Graugrün und Graugelb), das nennen wir Braun. Graugelb und Graugrün ergibt so Olivbraun, Graugelb und Graurot gibt Ockerbraun oder Orangebraun, Graurot und Grauviolett gibt (ähnlich wie Grauorange und Graublauviolett) dunkles Rotbraun, Grauviolett und Graublau erzeugt ein schwer benennbares Blaubraun (wie auch getrübtes Blaugrün und Purpur!), Graublau und Graugrün schließlich ergibt ein grünliches Umbrabraun. — Diese Mischungen wiederum gemischt (wir können ja noch beliebig viel Fünfecke in unser Schema einzeichnen) zeigten dann alle mehr oder weniger graubraune Töne, in denen sich die Grundfarben nur noch sehr kümmerlich spiegelten, bis schließlich im Graupunkt selber alle farbige Erscheinung aufgehoben ist.

Die Mischung der Buntfarben mit Schwarz oder Weiß ist ganz ähnlich der einer Grauvermischung, so daß also auch Brauntöne auftreten können.

Wie gesagt, ändern reine urfarbige Lichter bei Intensitätssteigerung ihren Buntcharakter nicht; bei nicht ganz reinen Farben (und dazu gehören auch alle Pigment- und Malfarben) ist jedoch eine Hinneigung zu nachbarlichen Farben zu beobachten. Im Sinne der Richtung unserer Schwarz-Weiß-Achse (Abb. 5) tritt bei der Mischung der hellen Farben mit Weiß (oberhalb der Linie Grünblau—Rot) eine Neigung zum gelben oder grüngelben Pol auf, während sich bei der Mischung dunkler Farben mit Schwarz eine Neigung nach dem Blauvioletten hin zeigt. Helle Farben ziehen sich bei Schwarzmischung ebenfalls nach dem Blauvioletten hinunter, und zwar je nachdem sie nach der Rot- oder Grünseite tendieren, über Grün oder Rot. Gelb gemischt mit Schwarz ergibt so eine grünliche Mischfarbe (Oliv); Gelbrot plus Schwarz zieht dagegen nach dem Rotbraunen herab. Bei Schwarzmischung „rutscht" das Grünblau (sofern es mehr Blau als Grün aufweist) ins Bläuliche hinein, das Blaue setzt diesen Weg nach dem Schwarzpol zu fort und ändert sich dementsprechend nach der Violettseite. Violett wird sehr dunkel. Merkwürdigerweise wird Ultramarinblau aber auch bei Weißmischung violetter. Man kann sich diese etwas schwierigen Verhältnisse sogar auch an Hand unseres Schemas klarmachen: Man darf bloß nicht einfach etwa Gelb und Blauviolett (anstatt Schwarz) geradlinig verbinden und die Weiß-Schwarz-Achse ganz außer acht lassen; vielmehr gehe man z. B. so vor: Gelb soll verweißlicht werden: wir rücken aufwärts und erhalten Weißgelb. Gelb soll verschwärzlicht werden: man geht abwärts, aber immer in Richtung auf die Grau-Achse zu und muß auf diesem „Resultantenwege" etwa das Gebiet des Grünlichen oder Olivbraunen berühren. Soll nun Blau verweißlicht werden, dann ziehen wir zur Grau-Achse hin und gleichzeitig in die Höhe: schon vor dem Auftreffen auf der Achse sind wir im blauvioletten Bereich! Blau verweißlicht ergibt aber in der Tat ein milchiges Grauviolett. Die anderen Mischungen ergeben sich ja dann ganz zwanglos. Man sieht auch hier, daß unser Fünfeck die wahren Verhältnisse sehr einfach wiedergibt und demzufolge eine durchaus erlaubte Versinnbildlichung des Farbenwesens ist. Nach der üblichen Oktaeder- oder Doppelkegelkonstruktion des Farbkörpers dürften gerade diese Mischungsergebnisse schwer zu erhalten sein.

So können wir überhaupt auf unserem Farbenschema mit Leichtigkeit die ganze Metamorphose einer Farbe verfolgen, wie sich etwa das Gelb nach dem Roten zu über Orange steigert, wie es sich aber auf dem Wege über den Grau- oder Auslöschpunkt in seinen Gegensatz verwandelt und dabei vom Violetten und vom Blauen her (man sehe sich die Sterne auf Figur 5 an) gewissermaßen Kräfte zum Neuaufbau erhält, alles das deckt ein Kräftespiel wundersamer Art auf. Verbinden wir Gelb mit Violett, so muß nach unserer Figur auch der Weg über Rot oder der gerade Weg über getrübtes Rot möglich sein, wobei niemals die Farbe ganz ausgelöscht wird, sondern immer nur von leicht überblickbarer Stelle aus neue Farbkräfte erhält. Nun ergibt eine Nachprüfung in der Tat, daß man aus Gelb und Violett ein — unsattes — Rot mischen kann. Betrachten wir etwa eine gelbe Wand durch ein Violettfilter, so sehen wir die Wand plötzlich rot! Ganz entsprechend muß auch bei Mischung von Rot und Grün ein gelber Rest bleiben, was man im Filterversuch leicht nachprüfen kann. Selbstverständlich wird eine Zusammenstellung von gelbem und blauviolettem Glas eine (theoretisch vollkommene, praktisch aber nie ganz zu erreichende) Farbenauslöschung ergeben.

Da die Filter eine gewisse Trübe haben, entsteht dabei niemals „Weiß", sondern immer ein grauer bis schwärzlicher Ton. Es ist leicht einzusehen, daß bei der spektralen Lichtermischung das Licht, also die Neigung zum Weiß, bei solchen Gegenfarbenmischungen herauskommt. Gelb und Blau ergeben ja auch nur dann einen grünen Rest, wenn das Gelb (als Pigment!) nicht rein ist und das Blau nicht nach dem Violetten hinneigt. Bei spektralen Mischungen handelt es sich immer um additive Mischung, während es bei der Pigmentmischung um eine Subtraktion geht. Bei übereinandergeschalteten blauen und gelben Filtern fängt das Blau aus dem Licht seine Gegenfarbe heraus und tötet sie ab, während es Grün, Blau und Violett wieder zurückgibt bzw. durchläßt. Da nun aber das Blau Gelb und Orange „frißt", bleibt als einzige, von Blau plus Gelb durchgelassene Farbe das Grün als Rest übrig. Rot (nicht Urrot) läßt neben rotem und orangefarbigem Licht auch etwas Gelb durch; Grün wiederum auch nur seine Nachbarn Blau und Gelb. Das, was Rot und Grün gemeinsam durchlassen, ist aber das Gelb, das eben als Rest auftritt. Hantieren wir aber mit Purpurrot und reinem Grün, so werden weder Grün noch Purpur eine andere Farbe durchlassen, so daß wir gar kein Licht hinter dem Doppelfilter aus Grün und Purpur erhalten.

Die Mischungsversuche haben nun nicht nur für den Praktiker eine Bedeutung, sondern sie lassen einen tiefen Einblick tun in das Wesen der Farbe und ihre Beziehung zu anderen Farben. Wir erkannten die Grundsätze Polarität und Steigerung; vom Grünen beispielsweise ausgehend läßt sich auf den Fünfeckseiten eine Steigerung nach dem Roten über das Gelb erkennen (was uns immer wieder beschäftigen wird, wenn wir die natürliche Farbenmetamorphose betrachten), und andererseits sehen wir dem Grünen gegenüber das Purpur, das nur durch Auslöschen des Farbigen auf direktem Wege zu erreichen ist. Dieses Abschneiden auf dem Wege über den Durchmesser des Kreises, dem das Fünfeck einbeschrieben ist, entspricht sozusagen dem Umfahren des gesamten Kreises, der Erfüllung der ganzen Farbenwelt, die eben im Grau ihren Anfang und ihr Ende hat. Kennen wir den Durchmesser eines Kreises, so können wir auch den Kreisbogen zeichnen, ohne allerdings rein rechnerisch aus dem Durchmesser den Kreisbogen bestimmen zu können; denn der Umfang verhält sich zum Durchmesser ja wie π zu 1, was angenähert 22:7 entspricht, aber rational nicht ausdrückbar ist. Durch die beiden Radien Grün—Graupunkt, Graupunkt—Purpur bzw. Gelb—Grau, Grau—Blauviolett usw. ist der die Farben in ihrer Gesamtheit umschließende Kreis also nahezu — nicht ganz! — bestimmt. Es ist wie beim Organischen: auch die Farbenerscheinung läßt sich rechnerisch nur mit einem irrationalen Rest erfassen, ein Gleichnis für die Ganzheitlichkeit des Lichts, das sich nicht aus seinen Teilen, den Farben, errechnen läßt, sondern das, diese umfassend, den Farben als höhere Ganzheit gegenübersteht. Der Buntheitskreis, dessen Mittelpunkt das reine Grau ist, aus dem alles werden und in das alles eingehen kann, ist das Gefäß, in das die Fülle einfließt. Der Halbmesser, als eine aus dem Ursprung geborene Gerade, versinnbildlicht das Wachsende, Werdende; mitsamt der polar entgegengesetzt sich verzeitlichenden Geraden (Radius) kennzeichnet er den Rhythmus, der sich in einer Harmonie befrieden muß, die an sich zeitlos und ewig ist, die als Ende alle Vergangenheit umfaßt und als Anfang die Möglichkeit aller Zukunft wiederum in sich begreift. Die ungeheure Bewegung, die sich aus der zielenden Geraden und dem umfassenden Kreis lebendig kundgibt, wird symbolisiert durch die in sich zurückführenden und immer wieder neu entstehenden, nie zur Ruhe kommenden Kreissehnen, die zusammen eben den Fünfstern ergeben. Dieses Pentagramm ist wohl etwas völlig Abgeschlossenes, aber doch gleichzeitig nie rastende Bewegung; es symbolisiert eine Lebenskraft, die sich nicht ins Unendliche fortsetzen kann, sondern immer bestrebt ist, eine Harmonie zu erfüllen. Vergliche man den Kreisumfang mit dem Raum, die Gerade (als Halbmesser, vom Mittelpunkt ausgehend) mit der Zeit, so würde sich der Sehnenstern immer zwischen Zeit und Raum bewegen, das Wesen der Farben versinnbildlichend.

Eine volle Farbenharmonie läßt sich zwar nur im Lichte selbst finden, aber schon die Zusammenstellung solcher Farben, die den Kreis der Buntheiten bzw. den Graukreis annähernd festlegen, müssen praktisch als harmonische Zusammenstellungen gelten. Die polaren Gegenfarben werden entsprechend dem vorhin Gesagten die schönste Harmonie ausmachen; etwa Gelb und Blauviolett, Grün und Purpur, Rot und Blaugrün, Orange und Blau, Violett und Gelbgrün. Die Verbindung von Blau und Rot (s. die Abb. 5), die also eine „Sternspitze abschneidet“ und damit auch eine Fünfecksecke, stellt in bezug auf den umschriebenen Kreis eine einseitige, den Kreisbogen nicht bestimmende Sehne dar, die aber doch in der Beziehung harmonisch, d. h. Gegensätze vereinend, genannt werden darf, weil sie von der Dunkelheit zum Lichte reicht und Farben verschiedener Bewegungskraft verknüpft, wodurch eine besondere Wucht und Dynamik erzielt wird. Weitere ähnliche, aber nicht so kraftvolle, Zusammenstellungen wären: Gelb und Blau, Grün und Violett, Blau und Rot, Violett und Gelb, Rot und Grün. Dabei machen sich dynamische Gegensätze bemerkbar: Gelb das Ausstrahlende, Blau das Zurückweichende; Grün das Ruhende, Violett das Unruhige; Blau das Entrückende, Rot das Vordrängende; Violett das Unklare, Gelb das Verklärende; Rot das aufdringlich Aktive, Grün das beruhigende Passive.

Wir haben demnach folgende harmonische Erfüllungen:

1. Die den ganzen Farbenkreis umspannende und statisch im Graupunkt ruhende, wir wollen sagen, Grauerfüllung (theoretisch Lichterfüllung), gekennzeichnet durch die Zusammenstellung der Gegenfarben:

   Gelb—Blauviolett, Grün—Purpur, Blau—Orange, Violett—Gelbgrün, Rot—Blaugrün.

2. Die Zusammenstellung der d y n a m i s c h gegensätzlichen durch die Hauptsehnen des Kreises unter Abschneiden einer Fünfecksecke zu verbindenden Farben:

Gelb—Blau, Grün—Violett, Blau—Rot, Violett—Gelb, Rot—Grün.

Der Verbindung der Eckenfarben untereinander muß notwendig etwas Einseitiges anhaften; es kann sich hier niemals um volle Harmonien handeln; Gelb und Rot, Rot und Violett, Gelb und Grün usw. sind weder dynamisch noch nach ihrer Anordnung im Schema gegensätzlich genug, um den Buntkreis nur irgendwie bestimmen zu können. Diese Verbindungen bleiben sozusagen tendenziös, ähnlich wie eine einzige Farbe, sie beginnen etwas ganz Bestimmtes auszusagen. Treten beispielsweise das ausstrahlende Gelb und das ebenfalls nach außen oder nach vorn wirkende Rot zusammen, so fehlt dieser Bewegung der Ausgleich. Aber immerhin: hier ist noch eine gewisse Einheitlichkeit und Gleichsinnigkeit der Bewegung zu bemerken, während etwa die Verbindungen von Rot und Violett oder Blau und Grün unglücklicher erscheinen, da die Bewegungen weder gleichsinnig noch entgegengesetzt sind. — Solche einseitigen (im wahrsten Sinne des Wortes auf die Fünfecksseite bezogen!) Farbenzusammenstellungen sind nur dort schön, wo ein bestimmter A u s d r u c k s w e r t gefordert wird. Man könnte sich z. B. einen Sonnenanzug von gelber Farbe mit orangefarbigem Gürtel oder erst recht mit rotem Gürtel gut vorstellen, wie ja überhaupt die Verwendung von Goldgelb und Rot in der Malerei mancher Zeiten zum bevorzugten Kolorit gehörte, weil hier etwas Heiter-Sonniges ausgedrückt werden kann. Eine kalte Stimmung kann nur durch blaue und grüne Töne ohne ausgleichendes Rot oder Orange ausgedrückt werden, lediglich in Verbindung mit Schwarz oder Weiß. Die günstige Farbenkombination von Rot und Gelb darf aber nicht dazu verführen, etwa alle die Farbenpaare als schön hinzustellen, die auf dem Fünfeck gleich weit wie Rot und Gelb entfernt sind; und es kommt nicht nur auf die den Farben innewohnende Bewegung an, sondern auch auf die V e r s c h i e d e n h e i t des B u n t h e i t s g r a d e s, eine Tatsache, die bei jeder mechanischen oder auch der Tonleiter nachgemachten Harmonieregelung unbeachtet bleiben mußte. Gelb hat, wie wir sahen, den geringsten,

Rot den größten Buntheitsgrad; deshalb passen diese beiden Farben — an sich als Nachbarn Feinde — so gut zusammen; weiß und rot ist ja eine ähnlich gute, wenn auch leidenschaftslosere Zusammenstellung. Grün und Blau hingegen haben fast den gleichen Buntheitsgrad, und ein Violett wird um so besser zum Rot passen, je mehr es nach dem Blauen zieht. (Selbstverständlich entscheidet der Buntheitsgrad nicht bei gegenständigen oder sehnenständigen Paaren.)

Um ein harmonisches Ganzes zu bilden, bedürfen solche Farbenpaare des Dritten. Haben wir Gelb und Rot gegeben, so muß als Dritte im Bunde Blau erscheinen, wie sich ja an der Figur leicht ablesen läßt (Dreieck Gelb—Rot mit Spitze Blau, dessen Winkelhalbierende Blau—Orange den Durchmesser des Buntkreises ausmacht). Sozusagen alle drei Richtungen des Raums sind mit diesem Grundfarben-Dreiklang ausgefüllt. — Ist uns nun Grün und Blau gegeben, so muß die Ergänzung entsprechend im Roten liegen, so daß wir folgende harmonische Dreiklänge erhalten: Gelb—Rot—Blau, Rot—Violett—Grün, Violett—Blau—Gelb, Blau—Grün—Rot, Grün—Gelb—Violett. Diese Dreiklänge sind keineswegs gleich gut, sondern auch hier spielen die dynamischen Verhältnisse der Partner und vor allem Anordnung des Dreiklangs eine Rolle. Man wird so natürlich die Nebeneinanderstellung von Blau und Violett vermeiden und das dazugehörige Gelb in die Mitte zwischen die beiden Streithähne bringen. Es lassen sich in allen diesen Dingen keine starren Regeln aufstellen; denn es kommt immer sehr darauf an, was wir denn in harmonischen Farben anordnen wollen. Alle weisen Regeln des Farbenmischens von Ostwald an bis zu der von Eberhard ausgebauten Farbenlehre (die die Farben mit Blau beginnend den Tönen gleichsetzt und so ein übertragenes Harmoniesystem erhält) beachten nicht die Tatsache, daß die Farbe nie ohne die Form auftreten kann und deshalb auch keine Nur-Farbregeln aufgestellt werden dürfen. Soll ein Maler etwa ein Plakat malen und hat nun herausgefunden, daß der Dreiklang Rot—Gelb—Blau der beste ist, so ist es durchaus nicht gleichgültig, ob er den Hintergrund rot oder blau wählt, die Schrift blau oder gelb, die Gegenstände rot oder blau. Wäre etwa der Hintergrund rot, die Schrift gelb und die Figur blau, dann würde die Figur vom Hintergrund erpreßt und die Schrift auf dem roten Grund käme auch nicht zur Geltung; ist aber die Figur — als Hauptsache — rot und der Hintergrund verschwindend blau, darauf aber die Schrift gelb, dann ist gleich das richtige Plakat erzielt. Diese Andeutungen nur zur Erklärung dessen, weshalb hier keine Harmonielehre für die Praxis mit allgemeinen Grundregeln am Platze ist.

Neben den aufgeführten harmonischen Dreiklängen gibt es natürlich auch noch solche, die nicht voll harmonisch sind. Das sind alle diejenigen Farbenverbindungen, die aus einer Fünfecksecke ein Dreieck bezeichnen, also z. B. Gelb—Grün—Rot; Rot—Blau—Violett; Gelb—Blau—Grün usw. Dazu kämen die zahlreichen Zusammenstellungsmöglichkeiten der Mischfarben, unter denen Violett, Grün und Orange wohl die vollständigste ist, weil in diesen Mischungen eben alle Hauptfarben enthalten sind.

Die Zusammenstellung b u n t e r und u n b u n t e r Farben verlangt eine Berücksichtigung der Licht- oder Finsternisverwandtschaft der betreffenden Buntfarbe. Man wird violett und schwarz keine harmonische, wohl aber eine ausgesprochen düstere Kombination nennen dürfen. Alle Farben, die warm und hell sind, ergeben mit Schwarz recht glückliche Harmonien (Schwarz-gelb und Schwarz-ziegelrot besonders). Mit Weiß stellt man am wirkungsvollsten die der Finsternis zugehörigen Farben zusammen, um einen Gegensatz zu erzielen; jedoch passen zu Weiß alle Farben starken Buntheitsgrades, besonders also Rot; wogegen die sehr helle gelbe Farbe mit Weiß zuwenig kontrastiert. Zu G r a u paßt mehr eine rote und rotverwandte als eine grüne oder blaue Ergänzung, da Grau ja mit dem Grün die „Ursprünglichkeit" und die Inaktivität gemein hat. Grau als unterschwellige Buntheit ergibt natürlich mit Rot und Purpur als den stärksten Buntheiten den vortrefflichsten Gegensatz. Und was für Grau gilt, gilt in gewissem Umfang auch für die polare Aufspaltung des Grau in Schwarz und Weiß, wobei zu beachten ist, daß zu diesen zwei inaktiven Bildfarben günstigerweise immer eine belebende dynamische Farbe (also Rot, Gelb oder Blau, aber nicht Grün und Purpur) hinzutreten muß, soll die zu erzielende Harmonie nicht nur aus der Gegensätzlichkeit der Partner in bezug auf Helligkeit, sondern auch in bezug auf Dynamik entwickelt werden.

Für die Praxis gilt es, bei der Farbenzusammenstellung immer an die den einzelnen Farben innewohnende Dynamik und Wesenhaftigkeit zu denken, ferner den Buntheitsgrad, die Zugehörigkeit zu Hell und Dunkel, Warm und Kalt zu beachten und zu erkennen, daß zur vollen Harmonie die Erfüllung des ganzen Farbenkreises gehört. Eine mechanisch ablesbare Vorrichtung zum harmonischen Farbenordnen, wie sie verschiedentlich hergestellt und sogar patentiert wurde, kann es nicht geben, denn wenn wir nicht nur eine tote „gute" Farbenzusammenstellung haben wollen, sondern eine beseelte, künstlerische, die eben dem Wesen der einzelnen Farben gerecht wird, dann müssen wir schon ein wenig Einfühlungsvermögen und Denkarbeit aufbieten. Eine Faustregel zum „Herstellen geschmackvoller Bilder" ist aber für alle tiefer schürfenden Menschen von vornherein unnötig, und solche Dinge konnten denn auch nur auf Grund vollkommen mechanistischer und seelenloser (Ostwald) Farbvorstellung oder einer Gedankenkonstruktion, die die Farben in eine Tonleiter preßt (Eberhard), entstehen. Um die genaue Wesensdeutung der Farben wird man erst recht beim neu aufkommenden Farbtonfilm[1]) nicht herumkommen können; denn hier nützen keine kunstgewerblichen Regeln, sondern es entscheidet allein künstlerisches Empfinden. Szenen, die Stoßkraft und Bewegung haben, müssen dem Rot den Vorzug geben, der seelische Mittelpunkt der Handlung mag in Blautönen die Symphonie mitgestalten, während der beruhigende Hintergrund ja schon teilweise durch das Grün der Natur gegeben wird. Die vorherrschenden Farben dürfen keineswegs zufällig zusammengestellt sein, sondern müssen mit der Bewegung, dem Inhalt und der Form zusammenpassen, darauf künstlerisch abgestimmt sein. Nur das genaue Studium der Farben in Natur und Kunst (wie wir es hier versuchen) wird dem jungen Farbentonfilm durch die Möglichkeit, Bewegungen und Zeitfolgen farbig darzustellen, zum Rang eines Kunstwerkes ganz eigener und bisher noch ungeahnter Art verhelfen.

[1]) Vgl. meinen Aufsatz: „Neue künstlerische Aufgaben des Farbtonfilms", Köln. Zeitung v. 20. XII. 1938.

Fünfeck und Pentagramm gehören, wenn wir die Naturreiche betrachten, zweifellos mehr der Pflanzenwelt an, in der sich ja das Wesen des Organischen am reinsten offenbart. Im Kristallreich finden wir niemals aufs Fünfeck bezügliche Achsensysteme; hier herrschen die Zahlen 3, 4 und 6 und deren Mehrfache. Die Sechs, die ja auch dem Goetheschen Farbenkreis zugrunde liegt (Sechsstern aus zwei übereinandergelegten regelmäßigen Dreiecken — s. Abb. 1), bedeutet sozusagen eine erhabene Ruhe, ein Gleichgewicht. Es laufen ja schon die Seiten der beiden Dreiecke einander parallel; durch den Schnitt dieser Seiten im Unendlichen wird gleichsam eine unendliche Freiheit symbolisiert. Aber die Farben, bei der polaren Urscheidung von Licht und Finsternis geboren, wollen immer wieder zurückkehren, sie sind in den Fluß des Zeitlichen hineingeboren und fliehen nicht wie das Licht in die Unendlichkeit hinaus, wo nur der Raum gilt, aber nicht die Zeit. Der Raum gehört dem Kristall allein, das Wachstum und Organische jedoch reift in der Zeit. Die Farben sind im Organischen manifestiert und lassen sich deshalb auch so zwanglos auf dem Fünfeck anordnen und durch die Linien des Pentagrammes leicht sinnvoll verbinden.

Sechsecke kann man regelmäßig aneinanderordnen; sie geben immer eine geschlossene Fläche, ebenso Dreiecke und Quadrate, die alle dem Reich des Kristalls angehören, dem ja bezeichnenderweise das eigentliche Wachstum abgeht. Das Urbild des Wachsens, des Sichverjüngens und in den Raumhinein-Wucherns, ist aber gegeben, wenn man Fünfecke so aneinanderreiht, daß immer je eine Seite zwei Fünfecken angehört. Solche Fünfecksmuster geben niemals geschlossene Flächen ab wie die Zellenwaben beim Sechseck, sondern erscheinen wie ein Gewirr von Algenfäden oder wie sprossende Hefe[1]). Mit seiner ungleich stetigen Teilung („Goldner Schnitt“) ist ja das Fünfeck oder das Pentagramm im Organischen immer wieder zu beobachten, gleichgültig, ob wir Blütendiagramme, Blattformen oder Seesterne betrachten. Und es ist kennzeichnend fürs Organische, daß dort die Färbung

[1]) S. die Abbildung aus Luca Paciolis Werk über die „Göttliche Proportion“ (um 1480) in: H. Kükelhaus, Urzahl und Gebärde. Berlin 1934, S. 106.

niemals absolut zur Ruhe, zum „statischen“ Gleichgewicht kommt, wie wir noch sehen werden, sondern daß meist die eine oder andere einseitige Zusammenstellung zu beobachten ist, wodurch aber gerade die Sprache der Farbe offenbar werden kann. Im Kristallreich hingegen ist eine harmonische Allfarbigkeit bezeichnend, die sich allein mit der Sechseck- oder Quadratdarstellung decken würde. Es wäre aber einseitig, wollte man die Farbenwelt auf der Stufe des Anorganischen belassen; denn man könnte dann das bunte Reich des Organischen nicht verstehen. Gerade hier herrscht ein ständiges Suchen und Drängen nach harmonischer Erfüllung. Die Farben sind nicht dasselbe wie das Licht in seiner allumspannenden Ruhe, sondern sie führen hier ein gewisses Eigenleben und sprechen eine nicht mißzuverstehende Sprache. So glauben wir in jeder Beziehung das Fünfeck als geeignetes Symbol für die Wesenheit der Farbe ansprechen zu dürfen. Mehr als Symbolisierung können wir nicht von der Farbenordnung verlangen, und die Versinnbildlichung des Göttlichen, Ewigen, die scheinbar nur Aufgabe der Religion und Kunst ist, muß auch der Wissenschaft genügen, denn auch die exakteste Wissenschaft vermag ihre letzten Elemente nicht selbst sinnlich zu begreifen, sondern nur im Symbolmantel einer Formel oder eines Modells.

Vom Sehen; Außenwelt und Innenwelt.

Licht und Farbe sind nichts ohne unser Auge. Gewiß gäbe es auch Licht, grüne Wiesen und herbstbunte Wälder, wenn wir nicht auf Erden wären — oder es ist das wenigstens denkbar —, aber all diese Dinge würden doch nie Gegenstand des bewußten Anschauens geworden sein, wenn uns eben unsere Sinnesorgane nicht ein bestimmtes Bild von dem Draußen übermittelten. Wir sind gewohnt, dieses Bild als Wahrheit einfach hinzunehmen oder doch von ihm auszugehen, wenn es gilt, wissenschaftliche Forschungen anzustellen. Und doch: je tiefer die Physik schürfte, desto mehr sah sie sich veranlaßt, den Menschen mit seinen Sinnesorganen aus dem Spiel zu lassen und so zu tun, als wäre nur das Meßergebnis objektiv. Und in der Tat, wir können ja etwas sehen, was gar nicht objektiv da ist. Z.B. erscheint uns ein weißer Kreis größer als er in Wahrheit ist, oder doch wenigstens größer als ein gleich großer schwarzer, wir sehen Verbindungslinien zwischen Punktreihen (Sternbilder!), wo gar keine vorhanden sind. Müssen wir dann nicht unsere Sinne der Fehlanzeige beschuldigen? Sehen die Augen nicht zu viel? Ja, sind nicht schon nach physikalischen Anschauungen Farben selber nur subjektive Empfindungen von Schwingungsunterschieden, also „eigentlich" Bewegungen, elektromagnetische Schwingungen? Das sind alles höchst beachtliche Einwände, und wir müssen zuschauen, daß wir sie einigermaßen gerecht beurteilen, denn gerade das Sehen ist der Grundvorgang, auf dem sich jede Farbenlehre aufbauen muß. Und wollen wir nicht kapitulieren vor der gesetzten Aufgabe, weil etwa hier nur allzu subjektive Dinge zur Sprache kämen, die sich messend und mathematisch gar nicht oder wenig beweisen lassen, so müssen wir uns schon das Problem „Subjektivität—Objektivität" oder, was auf dasselbe herauskommt, „Drinnen und Draußen" von Grund auf zu beantworten suchen.

Geben wir einstweilen nur einmal soviel zu, wie die Physik an Grundwissen und an Tatsachen bieten kann, dann sind also Licht- und Farbenwahrnehmungen Empfindungen von Bewegungen; demnach scheint es das Wesentliche beim Sehen zu sein, diese Bewegungen in eine andere Bewegung zu übertragen, die wir Nervenleitung nennen. Wie das, was wir außen sehen, wie diese Wellenbewegungen und Korpuskelhagel sich in unsere Licht- und Farbenempfindungen verwandeln, bleibt im Grunde der Wissenschaft nach wie vor ein Wunder. Schwingungen, Bewegungen hier — und eine herrliche, schöne, bunte Mannigfaltigkeit dort; mechanische Vorgänge in der Außenwelt — eine Fülle seelischer Empfindungen in der Innenwelt. Können angesichts dieses Wunders die physiologischen Seherklärungen wohl überhaupt als Versuche gelten, die eine Weiterforschung in dieser Richtung erfolgreich erscheinen lassen? Fast scheint es ein Wagnis zu sein; doch gilt's, dies Abenteuer zu bestehn.

Wir können ja einmal unser Auge als Photoapparat vereinfacht betrachten; wir können nachweisen, wie das Licht von der Linse gesammelt wird, und dann ein umgekehrtes und verkleinertes Bild auf der Netzhaut erscheint. Wir wissen auch, daß in dieser Netzhaut die Sehzellen — Stäbchen und Zapfen —

für die Aufnahme der Lichtreize verantwortlich zu machen sind; wir kennen auch den Nerven, der die durch jene Reizung erzeugte Energie abholt und zum Gehirn, dem Zentralort, bringt. Dort muß sich aber eine uns vollkommen rätselhafte Umwandlung vollziehen; denn das anspruchslose, verkleinerte und verzerrte, ja verdrehte Bildchen auf der Netzhaut wird uns bewußt, und zwar vermögen wir es viel „schöner" zu sehen, als es der optische Apparat unseres Auges jemals gestatten würde. Es ist, als schauten wir mit dem Gehirn das Netzhautbild an und deuteten es. Es muß da im Hirn ein Schaltsystem vorhanden sein, das wir uns freilich nur in sehr gewagten und etwas billigen Vergleichen als Telephonamt versinnbildlichen können. Wie dieser geheimnisvolle Übergang vom Außen zum Innen stattfindet, weiß kein Mensch. Die Physiologen wissen nur, daß der Energiezuwachs $E_2 - E_1$ eines Strahlung schluckenden Elementarsystems proportional der Schwingungsfrequenz (ν) oder umgekehrt proportional der Wellenlänge (λ) der absorbierten Strahlung ist. Also $E_2 - E_1 = h\nu = h\frac{c}{\lambda}$, wobei wir h als Plancksches Wirkungsquantum ja schon kennengelernt haben. Die mit der Aufnahme des Energiequants $h\nu$ verknüpfte Veränderung des Elementarsystems besteht in einer Veränderung der Elektronen- und Atombahnen. Dabei muß jedenfalls eine chemische Umwandlung stattfinden. Eine durch Lichtabsorption im Auge bewirkte photochemische Umsetzung liegt also dem Sehvorgang zweifellos zugrunde — aber es ist das nur eine rein mechanische, technische Grundlage, die uns das Wunder größer erscheinen läßt, die Erklärung aber um keinen Deut näherrückt.

Auf die physiologischen Theorien des Sehens wollen wir deshalb, so interessant sie auch sind und so dienlich sie sich uns erweisen können, nicht zu ausführlich eingehen. — Da ist einmal zu nennen die Dreifasertheorie von Young und Helmholtz, ferner die Gegenfarbigkeitstheorie von Hering. Helmholtz nimmt in der Netzhaut für die drei Grundfarben Grün, Rot und Violett (aus denen man praktisch alles mischen kann) drei entsprechende Empfangsorgane bzw. Sehzellenfasern an. Diese Theorie ist charakteristisch für den Physiker Helmholtz, während der Physiologe Hering bereits eine dem wirklichen Sehvorgang viel entsprechendere Theorie schuf, indem er drei Grundsubstanzen annahm, denen jeweils ein Farbenpaar entsprechen sollte, nämlich Schwarz—Weiß, Grün—Rot, Blau—Gelb. Die Veränderung der Grundsubstanzen gleicht einmal einem physiologischen Aufbau (Assimilation), andermal einem Abbau (Dissimilation). Diese Anschauung rechnet also im Gegensatz zu Helmholtz mit viel biologischeren Vorgängen, nicht mit reinem Mischungsmechanismus (der, wie wir im vorigen Abschnitt sahen, niemals die Ganzheit des „weißen" Lichts erfüllen könnte!), sondern mit Polaritäten, die immer der Ursprung alles Lebendigen sind. Obwohl die Heringsche Theorie der Kontrasterscheinung und der Erklärung der Farbenblindheit gut gerecht wird, läßt sich doch für sie — ebensowenig wie für die Helmholtzsche — kein anatomischer Nachweis erbringen, weshalb sie ihre Bedeutung in der modernen Physiologie ziemlich eingebüßt hat.

Dagegen bahnt sich heute eine ganz andere Farbsehtheorie an, die sich auf die sogenannte dichroitische Farbenanpassung, die man aus der Phototechnik her kennt, bezieht. Es handelt sich da um folgendes: Chlorsilber oder photographisches Tageslichtpapier wird belichtet, so daß eine leichte Rötung eintritt. Auf dieses so vorbelichtete Papier wirft man ein Spektrum, das dann bald auf dem Papier „fest" wird und dort — allerdings etwas abgeschwächt — abgebildet wird. Daß sich hier das Papier rot färbt, wo das rote Spektralband war usw., läßt sich physikalisch unschwer erläutern: Die Lichtabsorptionskurve der betreffenden lichtempfindlichen Substanz paßt sich der Art des einfallenden Lichts an; d. h. das Absorptionsmaximum liegt bei verschiedenen Wellenlängen, je nachdem welches Licht einstrahlte. Die Kolloidkörner, aus der die betreffende Substanz besteht, ordnen sich nun je nach der Art des einfallenden Lichts typisch verschieden an. — Eine derartige dichroitische Farbenanpassung zeigt nun auch der Sehpurpur!

Fritz Weigert hat diese Theorie ausgebaut. Nach ihm dient der Sehpurpur in normaler Konzentration in den Stäbchenaußengliedern für das Dämmerungssehen und wirkt in den Zäpfchen in starker (äußerlich kaum nachweisbarer?) Verdünnung infolge seiner dichroitischen Fähigkeiten als Farbenempfänger. Dabei soll die Ausrichtung der Kolloidkörner durch die Sehnervenendigung direkt wahrgenommen und ans Gehirn weitergeleitet werden. Die Farbenempfindung käme nach Weigert also durch die dichroitische Änderung der Absorptionskurve des Sehpurpurs zustande. Damit wäre aber auch jede Farbe gleichberechtigt, und die Heringsche Gegenfarbigkeit wäre nur eine Nebensache. Dies sind nun allerdings Punkte, die uns — von der Wahrnehmungslehre her betrachtet — noch unglücklich erscheinen. Auch die Farbenblindheit dürfte sich mit dieser neuen und an sich erfolgreichen Theorie nicht leicht erklären lassen. Die Weißempfindung wird als Summe berechnet — jedoch bleibt auch die einheitliche Empfindung des Weiß im Grunde noch unerklärt. Immerhin darf heute wohl noch kein endgültiges Urteil über diese Theorie gefällt werden, die in der Erkenntnis der wichtigen Aufgaben des Sehpurpurs auf alle Fälle einen großen Fortschritt bedeutet.

Sicher ist, daß der Sehpurpur beim Sehen eine wichtige Rolle spielt; wir wiesen ja schon darauf hin. Interessanterweise hängt die dichroitische Farbenanpassung des Sehpurpurs mit dem Vorhandensein von Karotinen (eben dem roten Farbstoff) und von Vitamin A zusammen (Fehlen dieses Vitamins bedingt Sehstörungen). Auf den Kreisvorgang beim Ausbleichen des Sehpurpurs zum Sehgelb kamen wir schon kurz zu sprechen. Es handelt sich hier übrigens um eine typische Farbenmetamorphose. Im Dunkeln nur entsteht Sehpurpur; bei einwirkendem Licht verwandelt sich dieser zunächst in eine dem Licht näherstehende Farbe, nämlich über Orange in Gelb (Retinen und Protein), schließlich verliert sich im Sehweiß (Vitamin A plus Protein) das Bunte[1]):

Im Anschluß an die Erwähnung der Bedeutung des Vitamins A für das Sehen möchten wir noch der Arbeit A. W. Pletnjews[2]) gedenken: eben geschlüpfte Küken wenden sich instinktiv immer nach der größeren Helligkeit. Wird nun aber Blau und Rot auf die gleiche Helligkeit gebracht, so reagieren sie auf Rot, das sie anscheinend wie wir für aktiver halten. Aber nur, wenn die Tierchen im Tageslicht gehalten wurden. Mußten sie im Dunkeln hausen, so bevorzugten sie das Blau. Ist das nicht wieder ein Hinweis auf die Verwandtschaft des Dunkeln mit dem Blau? Die Erklärung dieser Erscheinung gründet sich auf die verschiedene Konzentration des Sehpurpurs. Vitamin A hat Einfluß auf die Sehpurpurbildung. Es werden nun avitaminotische Tiere auf Farbfilter gleichen Helligkeitswertes geprüft, wobei sie sich erstens wie mit nur geringem Sehpurpur verhalten und zweitens es sich zeigt, daß die Stärke der Reaktion (Prozentsatz der Orientierung nach Blau) der Dosis des Vitamins A proportional ist.

Schon wiederholt haben wir von Dämmerungs- und Tagessehen bei der Behandlung der Farbenwertung gesprochen. Der tatsächlichen Verschiedenheit dieser Sehweisen kommt die sog. Duplizitätstheorie nach, indem sie sagt, daß im Auge für das Dämmerungssehen selbständige und andere Einrichtungen da sein müssen als für das Farbensehen am Tage (in der Dämmerung erblicken wir ja nur die Helligkeitswerte der Farben und Lichter). Es spricht nun sehr viel dafür, daß die Zapfen dem Tages-, bzw. Farbensehen, die Stäbchen aber dem Helligkeitssehen dienen.

Auf die Übereinstimmung der Absorptionskurve des in den Stäbchen liegenden Sehpurpurs mit der Dämmerungswertkurve wiesen wir schon hin. Der Sehpurpur ist also in erster Linie Reizvermittler für die Weißerregung im Dunkelauge, obwohl er auch in den Zapfen, wenigstens teilweise, vorkommen muß. Im „Handbuch der normalen und pathologischen Physiologie“, das wir für diesen Abschnitt öfters heranziehen können, betont Tschermak die Notwendigkeit der Unterscheidung zwischen dem (photochemischen) Reizvermittler oder Lichtempfänger, wo sich die entscheidende Lichtabsorption ab-

[1]) Weiteres über den Kreisvorgang s. G. Wald und A. B. Clark, Visual adaption and chemistry of the rods. — Journ. gen. Physiol. 21, S. 93 bis 105 (1937).

[2]) Vitamin A. Die Sehfunktion und Richtungsbewegungen von Küken. Ztschr. f. Vitaminforschung 6, S. 140—149 (1937).

spielt, und dem erst durch den Empfänger erregten nervösen Anteil oder Reagenten. Für den letzteren nimmt Tschermak drei Paare gegensinniger Erregbarkeit im Sinne Herings (Rot-Grün, Blau-Gelb, Schwarz-Weiß) an. Für den Empfänger gilt: während die Weißerregung im nervösen Teil einheitlich ist (wir empfinden Weiß nie zusammengesetzt), scheinen im Reizvermittler zwei verschiedene selbständige Seh- bzw. Empfangsstoffe vorhanden zu sein (der eine fürs Nacht-, der andere fürs Tagessehen); jedoch bin ich nicht davon überzeugt, weshalb nicht der Sehpurpur für beide Sehweisen genügen soll und warum Tschermak unbedingt zwei Weiß-Sehstoffe annimmt. Zu der Annahme Weigerts von dem einmal verdünnt, andermal konzentriert wirkenden Sehpurpur kann sich der genannte Autor nicht bekennen. Man sieht, daß hier noch sehr wichtige Fragen ihrer Lösung harren. Aber letzten Grundes sind diese Fragen alle mehr oder weniger „handwerklicher" Art, in dem Sinn, als die Physiologen anstatt des Organs den Sehapparat untersuchen. Sie führen die Fülle des Lichts und der Farbenerscheinung schließlich auch nur zu der elektromagnetischen Wellenbewegung des Physikers zurück und untersuchen, wie sich dieser Lichtmechanismus auf den Augenmechanismus überträgt. Aber wir müssen auch fragen, wie und ob wir die Dinge der Außenwelt wahrnehmen oder ob wir uns nur ein höchst gleichgültiges Bewußtseinsbild von etwas machen, das „eigentlich nur" Wellenschwingung ist. Es könnte zu einer ungeheuren Verwirrung führen, wollte man überhaupt daran zweifeln, daß wir uns von der Außenwelt ein objektives Bild machen können; denn damit entzögen wir aller Wissenschaftlichkeit den Boden und kämen zu leicht in Versuchung, alles als subjektiv abzulehnen, was uns unsere Sinne vermitteln. Diese unsere Sinne gehören aber auch zur Natur, und was sie vermitteln, ist in jedem Fall der Naturforschung zugängig, auch wenn es anscheinend nur „rein subjektive" Empfindungen sind. Die scharfe Trennung zwischen subjektiv und objektiv hat manche erschwerende Vorstellung auf dem Gewissen, vor allem die, daß unsere Seele bzw. unser Bewußtsein etwas ganz anderes als die Natur selbst ist, daß unser Innenleben in jedem Fall dem Walten der Natur fremd gegenübersteht. Bei einer solchen Auffassung, die eben darauf ausgeht, den Menschen möglichst auszuschalten, um objektive Aussagen zu machen, muß die Umwandlung der Außenwelt in die Innenwelt allerdings stets rätselhaft und unlösbar bleiben. Wir halten dann für Wirklichkeit nur das, was sich in Mechanik auflösen läßt, und werfen den dann natürlich übrigbleibenden irrationalen Rest den Metaphysikern vor, auf daß jene zusähen, was sich damit anfangen ließe. Fassen wir aber die Erscheinungen im Kosmos und in der Natur als in einem inneren lebendigen Zusammenhang stehend auf, erkennen wir also die Ordnung und nicht das Chaos an, dann erscheint uns das Irrationale nicht als ein störender Rest, sondern als eine notwendige Folge der Einseitigkeit, mit der wir — mechanistisch und auf Abstraktion drängend — an die Dinge herantreten. Losgelöst von aller Beziehung kann man die Natur wohl weitgehend mechanisch verstehen, aber gerade das Ganze einer Erscheinung läßt sich dann eben nicht packen. Wir können das Wesenhafte und das Räumlich-Ganze nicht sehen, nur die Äußerung der höheren Weise im Mechanischen ist uns — z. B. physikalisch — faßbar. Wie der Kosmos und die Erscheinungen der Natur miteinander innerlich verbunden sein müssen (ohne diese Verbindung wäre ja z. B. die Schwerkraft eine ganz mystische Kraft), obwohl uns diese Verbindung räumlich-sinnlich nicht anschaubar ist, kann auch die Welt des Lichts in der Außenwelt und in unserem Innern nur unmechanisch, auf einer höheren Ebene verbunden sein. Die verborgene innere Einheitlichkeit des Lichts scheidet sich gleichsam in Geistiges und Stoffliches. Wir konnten das Licht nicht gerade als etwas typisch Stoffliches bezeichnen, aber wir wissen, daß es sich gleichsam verstofflichen kann, indem sich Photonen beim Zusammenstoß mit Atomkernen in Elektronen und Positronen, also in die Urbestandteile der Materie, verwandeln können. Weiterhin konnten wir das Licht aber fast etwas Geistiges nennen, nur ist dieses Geistige sich selbst nicht anschaubar. Immerhin eignet dem Licht in seiner Ursprünglichkeit ein Zustand, der vorgeistig und vorstofflich genannt werden kann, und von hier aus werden wir auch verstehen, wieso das Licht, das außen wirkt, auch in uns wirkt, wodurch sich — wie wir im Verlauf dieses Buches immer wieder sehen werden — die Erscheinungen objektiver Art als ganz entsprechend denen subjektiver Art leichter erklären lassen werden. Woher „hat" eigentlich der Mensch seinen Geist und seine Seele? Aus einer fernen, mit der Natur gar nicht vergleichbaren Welt? Wir sind doch aus der Natur hervorgegangen, grob gesprochen, aus dem Einzeller, und konnten nur von dort her unseren Geist und unsere Seele „beziehen"; er bereitet sich langsam vor im Tierreich und strebt nach Tätigkeit im Menschen. Wie er auftrat, wissen wir wohl nicht, der Materialist glaubt ja, daß er eine Funktion des Körpers sei, und auch damit muß er zugeben, daß wir den Geist aus der Natur haben. Kann dieser Geist in der Natur ein Fremdling sein? Wir glauben nicht an den materialistischen Monismus, sondern halten den Geist für etwas, das immerdar in der Natur gewaltet hat, das sich seinen Stoff formte und in der kleinsten Kieselalge ebenso zum Ausdruck kommt wie in unseren geometrischen Ornamenten oder unseren großen Bauwerken. Der Geist, der die Sternenbahnen zusammenhält, der Lebendes und Anorganisches prägte, der durch Pflanzen- und Tierreich in gesteigerten Gestalten bis zum Menschen strebte, der sich erhob und die Geisteskräfte nicht wie eine Blüte in den Raum verstrahlte, sondern unter der Schädelkapsel verbarg, um innerlich und schöpferisch zu werden — dieser Geist wurde im Menschen eben frei und konnte sich — im selben Sinn, wie er unangeschaut die Natur erbaute — wiederum im Kleinen schöpferisch betätigen[1]). Jener Geist muß notwendig das Innen und Außen verwandtschaftlich verbinden, ja im Wesen dasselbe Innen und Außen sein.

„Nichts ist drinnen, nichts ist draußen,
Denn was innen, das ist außen." (Goethe.)

Der Weltengeist ist auch im Menschen wirksam; hier kommt er überhaupt erst zur Erkenntnis. Deshalb nimmt der Mensch im Kosmos eine so zentrale Stellung ein, und nichts ist öder, als immerzu die Stäubchenhaftigkeit des Menschen im Weltall zu betonen. Denn die Bedeutung des Menschen wird nicht nach dem Metermaß gemessen (und selbst da wäre der Mensch ziemlich „mittelgroß", wenn man die Sternenwelten und Atomwelten vergleicht). Der Mensch steht im Brennpunkt der Schöpfung; hier wird die Natur gewissermaßen gesammelt, um im Kleinen, aber nach denselben Gesetzmäßigkeiten, in der

[1]) Vgl. hierzu die eingehenderen Ausführungen in meinem Buch „Harmonie und Rhythmus in Natur und Kunst"; Oldenbourg 1937.

Kultur entlassen zu werden. Diese mit dem großen und kleinen Blutkreislauf vergleichbare Herzstellung des Menschen müssen wir immer beachten, wenn es um die Frage „Objektivität oder Subjektivität" geht. Die Empfindungswelt gehört ebensogut zur Natur wie die „äußere Natur", denn „Natur ist weder Kern noch Schale, alles ist sie mit einem Male" (Goethe). Im Menschen, der nicht bloß ein Werk der gestaltenden Naturkräfte ist, sondern selber an diesem Gestalten Anteil hat, wird die Außenwelt bewußt; er lebt in ihr und aus ihr heraus.

Den subjektiven Erscheinungen des Sehens ist daher genau die gleiche Aufmerksamkeit zu schenken wie der objektiven Untersuchung des Sehapparates und des Lichts. Für das Wesen der Farben erwarten wir gerade von den sog. subjektiven Farbenerscheinungen wichtigen Aufschluß, ja wir dürfen hoffen, daß wir die Farberscheinungen objektiver Art in der Natur als den subjektiven identisch erkennen werden.

Zu den sich im Auge abspielenden „subjektiven" Erscheinungen gehört in erster Linie der Farbenkontrast. Um zu erklären, was man darunter versteht, möchten wir an ein Erlebnis erinnern, das wohl jeder von uns schon einmal gehabt hat: Bei Festversammlungen ist gewöhnlich die Wand hinter dem Rednerpult mit einer großen deutschen Fahne verkleidet. Sehen wir nun den Redner an, der da vor der roten Tuchfläche steht, dann müssen wir auch gleichzeitig das Bild der Fahne in uns aufnehmen, und wenn wir nun zur weißen Decke schauen, erscheint uns da plötzlich alles grün; ja, wenn man sich mit diesen Dingen etwas mehr abgibt, gewahrt man alsbald das Hakenkreuz weiß in einem schwarzen Kreis! Die Farben haben sich also alle umgekehrt: schwarz ist weiß geworden, weiß schwarz, rot grün (genauer blaugrün). Daß wir nun ein gegenfarbiges Nachbild („sukzedaner Farbkontrast") gewahren, ist, vom Farbigen aus gesehen, etwas durchaus Objektives, denn unser Auge als Naturorgan vermittelt uns nach längerem Anschauen einer Farbe die dazugehörige Gegenfarbe, stellt uns also gewissermaßen immer die Ganzheit der Farbenerscheinung dar, die Erfüllung des Lichts. Diese Nachbildfarben haben natürlich keine Änderung der Wellenlänge des betreffenden Lichts zur Folge und sind insofern, als sie nur im Auge erscheinen, natürlich schon subjektiv, aber dennoch nicht für die

Sache belanglos; denn hier zeigt uns das Auge (nicht nur unseres, sondern auch das der Tiere!) farbige Gesetze auf und beweist uns sozusagen zum ersten Male, daß wirklich jede Farbe ihre Gegenfarbe hat, ja daß eine Farbe eigentlich nie ohne ihre Komplementärfarbe erscheint. Besonders interessant wird die Sache nun dort, wo uns die Natur ganz „objektiv“ das Auftreten jener Gegenfarben zur Schau stellt; so z. B. dann, wenn blauvioletter Amethyst beim Erhitzen gelb wird oder gelber Schwefel mit blauvioletter Flamme verbrennt. Wir werden davon später hören.

Die physiologisch-anatomische Deutung des Nachbildes liegt noch sehr im argen. Man redet meist von Ermüdungserscheinungen der Sehzellen für die betreffende einwirkende Farbe und vom Umschlagen in die Komplementärempfindung. Durch die vorhin erwähnte Heringsche Sehtheorie ließe sich ja jene Anschauung begründen. Sicher ist aber nur, daß der Ort des Farbenkontrastes eben nicht ausschließlich in den Sehzellen gesucht werden muß, denn auch bei Reizung eines Auges, mit Rot etwa, vermag das andere dann ebenfalls den Kontrast (wenn auch schwächer) wahrzunehmen. Es muß also durch den äußeren Reiz ein innerer Reiz für eine sekundäre Farberregung gesetzt werden, d. h. das Gehirn ist maßgebend beteiligt. Interessanterweise gibt es nun aber vom Nachbild nicht wieder ein weiteres negatives, zum ersten nunmehr positives, Nachbild, sondern die Erscheinung bewendet sich beim polaren Ausgleichsrhythmus. Das scheint mir darauf hinzudeuten, daß es sich hier nicht um irgendeine zufällige, an der Unzulänglichkeit der Sehapparatur liegende mechanische Nachklingerscheinung handelt, sondern daß mit der Erfüllung der Lichtganzheit durch Farbe und Gegenfarbe etwas Wesentliches und nur aus dem Farbigen selbst zu Verstehendes geschehen ist. Ursprünglich ist das Auge nur für Licht, also für Helligkeit und Dunkelheit zugänglich, im Lauf der Entwicklung kam es dann zum Farbigsehen — und dieses kehrt auf höherer Ebene wieder zum Lichtsehen zurück.

Recht wichtig ist es ferner, daß wir nicht nur ein negatives farbiges Nachbild nach der Betrachtung einer Farbe erhalten, sondern daß wir nach dem Anblick farbloser Helligkeit ebenfalls Farben als Kontrasterscheinung sehen können. So bekommen wir nach einem Blick in die Sonne oder auch in eine blendende Bogenlampe nicht etwa ein dem „weißen Licht" der Physiker gegenüberstehendes schwarzes Nachbild, das wir erhalten, wenn wir eine nicht blendend beleuchtete weiße Fläche betrachten, sondern wir sehen nun plötzlich ein grünes Nachbild der Sonne. Das ist höchst aufschlußreich, und nur aus dem Wesen des Farbigen heraus erklärbar. Zeigt uns diese Erscheinung doch, wie das Grün als erste Farbe, als Urbuntheit, sich am Licht entwickelt, so wie wir das bereits bei der Ordnung der Farben annehmen mußten, wo wir vom Pflanzlichen ausgingen. Bringen wir aber nun dieses grüne Nachbild auf einen dunklen Hintergrund (beschattetes, leicht geschlossenes Auge!), so entwickelt sich tatsächlich ein purpurnes Nachbild der Sonne — wiederum ein Hinweis darauf, daß Purpur zur Finsternis gehört wie Grün zum Licht. Gewöhnlich legt sich das Purpur ringförmig um das Grüne und frißt dieses aus seiner Dunkelheit heraus auf, bis sich die Erscheinung in ausgleichende graue Töne verliert. — Durch Zufall bemerkte ich auch noch eine andere, sehr eindrucksvolle Anordnung dieses einfachen Versuches: Ich sah auf grell beleuchtete weiße Stäbe, die auf einer schwarzen Glasdachverhüllung angebracht waren. Als Nachbild erhielt ich sehr deutlich grüne Stäbe (Licht!) auf purpurnem (Finsternis!) Grund!

Der Farbenkontrast spielt eine große praktische Rolle für uns. Ohne ihn könnten wir nicht lesen, da die einzelnen Buchstaben wegen der optisch eigentlich recht mangelhaften Bilderzeugung unscharf wären und mit ihren Randsäumen übereinandergriffen. Selbst gute Druckerschwärze wirft noch etwa $^{1}/_{15}$ des vom weißen Grund reflektierten Lichts zurück, so daß uns hier eigentlich anstatt Schwarz nur Grau erscheinen müßte. Aber die Abgrenzung eines schwarzen Buchstabens erzeugt ein weißes Kontrastfeld außen am Buchstabenrand, so daß der Buchstabe nur um so schwärzer erscheint. Man sieht ja auch an einer Hauswand oder einer Giebellinie, gegen den grauen Himmel betrachtet, einen hellen Randsaum; dies ist ebenfalls eine Kontrasterscheinung, aber eben nicht ein Nachbild, sondern ein gleichzeitiger (simultaner) Helligkeitskontrast. Trotz der interessanten Fragen und Versuchsmöglichkeiten (ich erwähne nur die wunderbaren farbigen Schatten) können wir hier auf die Kontrasterscheinungen nicht weiter eingehen, weil wir uns noch einer Frage zuwenden müssen, die eben mit aufgetaucht ist: Die Tatsache, daß uns auch beleuchtete schwarze Buchstaben schwarz erscheinen, obwohl sie der zurückgeworfenen Lichtmenge nach grau aussehen müßten, läßt sich ja nicht nur aus dem Farbenkontrast erklären. Wir kommen vielmehr hier auf das schon ins Gebiet der Psychologie reichende und noch sehr umstrittene Problem der Farbenkonstanz der Sehdinge. Weiß, das viel schwächer beleuchtet wird als Schwarz, erscheint doch weiß, obwohl das zurückgeworfene Licht bei dem hell beleuchteten Schwarz viel bedeutender ist; man sieht daraus, daß die Definition des Schwarz als alles Licht Schluckenden und des Weiß als alles Zurückwerfenden so allgemein falsch sein muß. Schwarz und Weiß haben einen eigenen Charakter. Und doch ist eine schwach beleuchtete oder beschattete weiße Wand, rein objektiv betrachtet, grau; ja, wenn ich eine schattige weiße Wand malen will, muß ich Grau auftragen. Wir sehen aber mehr als die reine Helligkeit, wir erblicken die Dinge wesenhaft, mit denen die Farben gleichsam innig verbunden sind. Ein bekannter Versuch: wir lassen von einem runden Gegenstand auf weißes Papier einen Schatten fallen — „es ist weißes Papier mit einem Schatten", wird jeder darauf antworten. Malen wir aber um den ruhig stehenden grauen Schatten einen schwarzen Tuschekreis, so ist das Schattige auf einmal eingefangen und erscheint grau im schwarzen Ring auf weißem Papier. Kann also einfach das Netzhautbild vom Gehirn „abgelesen" werden? Beidemal zeigt es nur Grau — und doch sehen wir etwas ganz Verschiedenes. Ob die gelbe Farbe von einem Lichtschein oder einem Papier kommt, verrät uns die Netzhaut an sich auch nicht, ebensowenig könnte sie unterscheiden zwischen einem roten Trapez und einem ebensolchen, schräg gestellten (perspektivisch wirkenden) Quadrat[1]). Daß sich das alles aus der gesammelten Erfahrung erklären läßt, wie Helmholtz vermutete, ist ja schon in Hinblick auf die tierpsychologischen, ganz entsprechenden Ergebnisse abwegig. Nach Hering ist die Pupillenänderung und eine Anpassung des nervösen Apparates bis zur Sehsphäre für die Farbenkonstanz verantwortlich, also etwa dafür,

[1]) Vgl. hierzu das ausgezeichnete Buch von W. Metzger, Gesetze des Sehens. Frankfurt a. M. 1936.

daß ein weißes Buch unter grünem Blätterdach nicht grün, sondern weiß erscheint, obwohl es objektiv viel grünes Licht ausstrahlt. Hering billigt hier also der Innenwelt eine entscheidende Rolle zu, aber eine wirkliche Erklärung gelingt ihm damit auch noch nicht. Metzger (l. c.) sagt über die Eindruckslehre („was nicht im Netzhautbild vorkommt, kann auch nicht im Sehen vorkommen; alles andere macht sich der Mensch dazu") sehr richtig: „Mitten durch den Menschen wird ein Schnitt gezogen, der ihn in zwei völlig wesensfremde Bereiche zerlegt, einen niederen und einen höheren. Der niedere gehört zur Natur; er enthält nur tote Eindrucks-Empfangsgeräte, deren Tätigkeit, das Sehen z. B., festsetzungsgemäß von dem eigentlichen Wesen des Menschen nichts enthalten darf. Was am Sehen selbst schon einen menschlichen, lebendigen, schöpferischen Eindruck macht, wird als Zutat aus den Beständen des höheren Bereichs, der eigentlichen denkenden Seele erklärt, die man sich außerhalb der Natur stehend denkt."

Wir können uns nicht mit den vielen Spekulationen und Hypothesen befassen, die von physiologischer Seite (besonders Bühler, Katz, Gelb) für die Farbenkonstanz geltend gemacht wurden; sie leiden alle an dem Grundfehler, die Dinge viel zu atomistisch-mechanistisch zu sehen. Allerdings ist man sich wohl immer mehr einig geworden, daß das große Problem ein Teilproblem der Konstanz unserer Wahrnehmungswelt überhaupt geworden ist und damit den Psychologen abzugeben ist. Diese rannten nun die Eindruckstheorie im Sturmschritt ein. Wenn schon der Unterschied zwischen einem Schatten und einem grauen Klecks von der Netzhaut nicht weitergegeben werden kann, wie denkt man sich dann wohl die Übermittlung von Stimmungen? Man sieht doch einem Menschen an, ob er heiter, ironisch oder gedrückt, unzufrieden oder glücklich ist, und es ist ausgeschlossen, daß wir nur auf Grund der veränderten Mundstellung und Faltenbildung, also auf Grund eines Vergleiches und von Erfahrungen (Assoziation: Tränen im Gesicht, traurige Stimmung; um es einmal ganz grob zu sagen) wahrnehmen können. Schon ein Säugling vermag uns wieder anzulachen, wenn wir freundlich mit ihm sind, ohne daß er den Doktorgrad auf Grund physiognomischer Studien erworben hat; und jeder Hund kann am Herrn Freude oder

Leid erkennen. Wie wird das „Lächeln" von Mensch zu Mensch „befördert"?

Kann man aus einem Menschen Gemütszustände herauslesen, so ist es doch nicht zweifelhaft, daß diese wahrhaft objektiv in ihm vorliegen; sprechen wir aber von einer feierlichen oder trüben Stimmung, vom Stolz einer Farbe, vom Vordrängen des Rot, von warmen und kalten Farben, unangenehmen und harmonischen Mischungen — dann sagt die gestrenge Wissenschaft, daß wir diese Begriffe aus uns selbst herausnehmen und den Dingen andichten oder in sie hineingeheimnissen. Es gelangen ja doch nur Lichtwellen verschiedener Länge von den Farben zu uns, und diese lösen gewisse Empfindungen aus. Es ist wirklich schwer, hier eine Grenze zwischen objektivem Stimmungsgehalt und subjektiver Stimmungserregung zu ziehen. Denken wir nur an die Tiere und deren Verhalten, so wird man doch in diese nicht *nur* die eigenen Gefühle hineinlegen. Ich kann mir nicht versagen, hier wiederum *Metzger* zu zitieren: „Wenn gar ein wütender Stier hinter uns herrast, so fühlen wir nach dieser Lehre" (sc. Eindruckslehre) „nicht nur (auf unsere Rechnung!) Todesangst, sondern zugleich auch Zerstörungswut (auf Rechnung des Stiers!); bevor wir dem Stier unsere eigenen Wutgefühle überwiesen haben, sehen wir an ihm nichts weiter als eine bestimmte Folge von *Bewegungen*. Man male sich die Folgen aus, wenn wir die Übertragung einmal vergäßen oder uns dabei irrten!" — Nun kann man sich ja tatsächlich durch Beobachtung von Bewegungen in etwas hineinfühlen, man kann sich stolz tragen und dann so etwas wie Stolz empfinden, wie aber — so schreibt *Metzger* weiter — „steht es mit unserer Einfühlung, wenn wir selber mitzuspielen haben — wenn z. B. der Stier hinter uns her ist? Nur ein Philosophieprofessor mit fingerdicken Brillengläsern und einem meterlangen Bart könnte da noch sagen: Nun, wir brauchen die gesehene Bewegungsfolge nur einmal andeutungsweise nachzumachen, dann werden wir gleich etwas wie Wut in uns verspüren, und schon haben wir, was wir brauchen — denn der aufmerksame Zuhörer wird sofort ergänzen: vorausgesetzt, daß uns der Stier nicht zu dicht auf den Fersen ist. Man sieht: Erklärungen dieser Art können recht einleuchtend klingen, solange man als Beispielsfall das Bild eines musizierenden Engels wählt ..."

Chr. Ehrenfels hat nun gefolgert, daß etwa das Stolze, das wir an einem Menschen sehen — da es ja nicht nur eine Zutat von uns sein kann und also wirklich im Sehbild vorhanden sein muß —, in unserem Sehbild neu entstanden sei, und hat damit die Grundlage zur heutigen Wahrnehmungslehre gegeben. Es handelt sich bei solchen Charaktereigenschaften nicht etwa um Besitztümer, die irgendwann einmal von außen in die betreffende Person eingeschmuggelt worden wären, sondern diese Eigenschaften haben ihren Ursprung in der gestaltlichen Anordnung der Teile (nach Raum und Zeit begreifbar) und gehören zum eigentlichen Wesen („Gestaltsqualitäten"). Erscheinen uns also in der Außenwelt seelische Eigenschaften, so entsprechen diese nach der Gestaltenlehre immer Gestaltqualitäten in unserem Inneren, und „wo in unserer Wahrnehmung eine Gestalt ist, da sind auch Gestalteigenschaften", sagt Metzger, der diesen Satz in seinem oben genannten Buch an Hand zahlreicher Alltagsbeispiele erläutert.

Sicher führt diese Gestaltenlehre zu einer ganzheitlichen und ziemlich befriedigenden Auffassung, wenn hier auch die Ganzheit nicht eigentlich als eine höhere Ordnung voll erkannt wird. Der eigentliche Sinn des gestalteten Außen, dem ein gestaltetes Innere entspricht, ist doch wohl der, daß eine innere Entsprechung zwischen Kosmos, Natur und Mensch besteht; sonst wäre auch die Gestaltenlehre ohne jede Grundlage, ja könnte als Erklärung überhaupt nicht herangezogen werden. Es geht gewiß immer um ein ganzheitliches Erfassen, um ein Erkennen der musikalischen und nicht der mechanischen Gesetze. So z. B. wenn wir an die Stimmung denken, die die Farben des Morgens und des Abends in uns erwecken. Beim Erleben des Abends bemerken wir das Einbrechen der Nacht (eine Bewegung!). Der Tag als Stimmung besteht nur auf Grund der steten Bedrohung durch die Nacht; indem wir den Tag erleben, fassen wir die Nacht mit ein in unser Erlebnis. Tag und Nacht müssen wie Licht und Finsternis in einem Erlebnisbild anwesend sein (Rembrandt!), um wirkliche Stimmungen zu erzeugen. Niemals bewirkt die jeweils meßbare Lichtfülle und der Sonnenstand allein den Eindruck des Tages, niemals wird der Eindruck von einer Farbe allein durch die Bestimmung von Ort, Helligkeit, Wellenlänge, Farbton und Sättigungsgrad (bzw. Buntheit) bestimmt; sondern es ist da — wie etwa bei einem „siegesfreudigen" Trompetenton — noch ein Charakter vorhanden, der seinerseits wieder durch den der Farbe zugeordneten Gegensatz bestimmt werden muß. Zum Roten gehört eben das Grüne, und gleichzeitig gehört zum Roten das Laute, zum Grün das Ruhige, zum Roten auch das Vordrängende, zum Blauen das Weichende usw. Das alles sind Verknüpfungen, die nicht aus Erfahrungen gekannt werden können. Genau wie wir nicht von Tapferkeit sprechen könnten, wenn es keine Feigheit gäbe, wie wir niemals von hart reden könnten ohne weich, von laut ohne leise, von dur ohne moll, von hell ohne dunkel usw., so können wir überhaupt nie Eigenschaften erkennen, ohne die die Ganzheit erfüllende Zuordnung des Gegensatzes.

Die eigentliche Wesenseigenschaft vermögen wir nur ganzheitlich — unter stillschweigender Anerkennung des Gegensatzes — aufzunehmen. Das ist einleuchtend, weil es sich hier eigentlich um eine nicht ausschließlich durch das Sinnesorgan geregelte Wahrnehmung handelt, sondern, um es kurz zu sagen: um ein Sehen mit der Seele. Diese Seele mußte solange verborgen bleiben, wie man glaubte, nur die Zergliederung könne in die tiefsten Geheimnisse eindringen; in Wirklichkeit verwirkt man sich damit aber jede höhere Einsicht. — Wir haben nicht nur das Organ, den roten Farbton und dessen Helligkeit zu bemerken, sondern auch die Fähigkeit, Eigenschaften seelisch-geistiger Art „wahrzunehmen"; da nun jeder Erscheinung auch eine solche Charaktereigenschaft zugeordnet ist (Flötenton — Trompetenton!), können wir gar nicht anders, als mit einem Eindruck auch eine Empfindung zu verbinden. Weil wir aber unsere Empfindungen nicht von irgendwoher holen, sondern weil ihnen „Melodien" in der Außenwelt entsprechen und Innen und Außen tiefsten Grundes dasselbe ist, so dürfen wir eine solche Zuordnung geradezu als objektiv gültige Tatsache bezeichnen, an der die Forschung nicht vorübergehen kann. Was unser Geist scheinbar aus sich heraus zu den Dingen „hinzutun" kann, ist ja nur etwas, was er erst aus den Dingen vom Ursprung her bezogen hat. Wie wir nur im Sinn der Natur schöpferisch sein können, so können wir auch nur das empfinden und ausdrücken, was in der Natur liegt.

3. Die farbige Natur.

Grundlagen.

Bringt man zwischen ein durchstrahltes Prisma und einen Wandschirm etwas Chlorophyll, den grünen Lebensstoff der Pflanzen, so bemerken wir im Spektrum einen dunklen Streifen im Rot. Das heißt, das Chlorophyll schluckt die langwelligen Strahlen zum Teil auf. Aus diesen geschluckten Strahlen nimmt das Chlorophyllmolekül Energie auf, und gerade diese aufgenommene Sonnenkraft setzt es in den Stand, mit Hilfe von Kohlensäure und Wasser Kohlehydrate, wie Zucker und Stärke aufzubauen. Das sind die Grundstoffe des Lebens, die auch uns immer wieder zugute kommen.

Die Atome, aus denen das Chlorophyllmolekül zusammengesetzt ist, kennen wir; es sind 55 Kohlenstoffatome, 72 Wasserstoff-, 5 Sauerstoff-, 4 Stickstoffatome und 1 Magnesiumatom. Wir wissen nur nicht genau, wie diese Atome räumlich angeordnet sind. Merkwürdigerweise ist nun der Blutfarbstoff, das Hämoglobin, chemisch mit dem Chlorophyll sehr nahe verwandt; an Stelle des Atoms Magnesium, jenes grell aufflammenden Leichtmetalls, besitzt es das Schwermetall Eisen. Entwerfen wir vom Hämoglobin ein Spektrum, so zeigen sich die Schluckungsstreifen gerade im Gebiet des Grünen — also entgegengesetzt zum Chlorophyll. Das grün erscheinende Chlorophyll nimmt seine Kraft durch Strahlenschluckung im Roten auf, das rot erscheinende Hämoglobin erobert sich seine Stärke aus dem Grün — gewiß ein Lebenskreis, der etwa dasselbe Wunder offenbart wie das Aufeinanderabgespieltsein von Tier- und Pflanzenreich. Hier liegt ein kausal gar nicht zu begreifender Tatbestand vor, allein das Anschauen jenes Urphänomens vermag uns die Rätsel zu lüften, die tief mit dem Wesen des Farbigen selber verbunden sind (Dynamik!).

Und doch soll es uns jetzt darauf einmal noch nicht ankommen. Wir wollen nur verstehen, wie ein jeder Stoff sein bestimmtes Absorptionsspektrum hat, was ja nichts anderes heißt, als daß sich hier die intimen Beziehungen des Stoffes zum Lichte künden. Aus dem Beispiel des grünen Blattfarbstoffes und seiner Tätigkeit auf Grund des roten Lichts ergibt sich ein Kräftespiel; denn das Schlucken bestimmter Wellenlängen ist nicht eine bloße Abtötung des Lichts, sondern eine Umwandlung in Kräfte. Dabei gilt ganz allgemein, daß die Gegenfarben ein solches Kräftepaar darstellen. Das ist bekannt, aber außerordentlich wichtig zum Erkennen des farbigen Wesens. Für rote Pflanzen (z. B. Rotalgen) sind nun nicht die roten Strahlen die Energiespender[1]), sondern gerade die grünen und grünblauen. Blaualgen bilden im grünen Licht vorwiegend roten, im roten vorwiegend grünen Farbstoff aus. Sehr interessant ist die physiologische Wirkung der Farben auf das Leben der Pflanzen zu verfolgen, ein Kapitel, das übrigens in der Gärtnerei praktische Bedeutung erlangt. So hemmen blaue und violette Strahlen (allein) die Streckung des Stengels, regen aber die Zellteilung an, während rotes Licht ähnlich wie die Dunkelheit ein Höherschießen bewirkt. Bei der Gurke gelang es, durch starke zusätzliche Neonbestrahlung in orangefarbigem Licht ein starkes Wachstum zu erzielen, während merkwürdigerweise bei der selbst orangefrüchtigen Tomate orangefarbige Strahlen zu Verbrennungserscheinungen führten.

Wie alle diese Wirkungen im Kleinsten eigentlich geschehen, ist noch recht unklar. Nur die allereinfachsten Grundlagen kennen wir da. Wird dem Atom von außen Strahlungsenergie zugeführt, so kann diese verwendet werden, einzelne Elektronen in eine andere Bahnebene zu befördern; so ein Atom ist dann im angeregten Zustand. Aber nicht jede beliebige Wellenlänge kann für die Arbeitsleistung dienstbar gemacht werden, sondern nur die, auf die das Atom abgestimmt ist. Es herrscht also hier das Prinzip der Resonanz. Nach der quantenmäßigen Dosierung der Energieverhältnisse im Atom kommt nur eine ganz bestimmte Energiemenge für die Elektronenverschiebung in

[1]) Selbstverständlich heißt das nicht, daß nur die roten Strahlen für die grüne Pflanze physiologisch wichtig wären, sondern daß außer dem Licht als Ganzem besonders die beim Prismenversuch rot erscheinenden Wellenlängen ausgenützt werden.

Frage, und deshalb muß die anfallende Energie, die zu dieser Arbeitsleistung dient, denselben quantenmäßigen Zustand haben. Da die Elektronenverteilung in den Elementen, entsprechend ihrer verschiedenen Elektronenzahl, verschieden ist, muß auch jedes Element eben seine bestimmten Absorptionsverhältnisse haben, aus denen man rückwärts (spektroskopisch) auf das Vorhandensein jenes Elements schließen kann, eine Tätigkeit, die man Spektralanalyse heißt. Die Rückkehr des Atoms in den unangeregten Zustand muß nun unter Abgabe der aufgenommenen Energie erfolgen. Auch diese kann nur quantenhaft dosiert sein, so daß die Lichtaussendung (Emission) wiederum nach Energiequanten abgemessen ist.

Ist nun aber ein Stoff aus einem einheitlichen Element gebildet, wie etwa der reine Graphit aus Kohlenstoff, so müßte auch der Diamant, der ebenfalls nichts als Kohlenstoff ist, genau so „aussehen" wie die Kohle oder der Graphit. Das ist aber bekanntlich nicht so, denn es gibt kaum etwas Gegensätzlicheres als den alles Licht zurückwerfenden und durchlassenden, ja mit ihm spielenden Diamanten und die schwarze, fast alles Licht schluckende Anthrazitkohle oder den Graphit. Das kommt aber daher, daß in den Mineralien die Atome ja nicht losgelöst irgendwo herumirren, sondern in das Raumgefüge, das sog. Raumgitter der Kristalle, eingebaut sind. Deshalb können sich die Nachbaratome in ganz bestimmter Weise gegenseitig beeinflussen. Das kubische Gitter des Diamanten verhält sich gegensätzlich zum hexagonalen des Graphits. — In den farbigen und oft so prachtvoll bunten Kristallen sind aber die Atome der farbgebenden Substanz durchaus nicht immer als untrennbare Bestandteile in das Gitter eingebaut, sondern sehr oft sind sie nur als Fremdlinge eingeschlossen. Die hauptsächlichsten mineralbildenden Elemente wie Silizium (Quarze!) und Aluminium (Rubin!) sind an sich nicht farbgebend. Die herrlichen Farben der Quarzkristalle, wie des Amethystes oder der Tonerdekristalle wie Rubin und Saphir sind gewissen Einschlüssen zu verdanken. So bewirken die Atome des Chroms (das z. B. Rubin und Smaragd färbt) eine starke Absorption bestimmter Wellenlängen. Das Chrommolekül kann freilich verschiedene Wellenlängen schlucken und aussenden (Rot und Grün z. B.); das läßt sich in Kürze nicht so leicht erklären. Nur sei noch erwähnt, daß hier auch die verschiedenen Wertigkeitsstufen eine Rolle spielen.

Wie an diesen wenigen einleitenden Beispielen aus der bunten Natur gezeigt wurde, wäre eine eigentliche Erklärung des Farbigen im Sinne der exakten Naturwissenschaft stets ein Eingehen auf die allerfeinsten chemisch-physikalischen und vor allem auch atomaren Verhältnisse. Wir würden dann Verschiedenheiten in der Atomanordnung, im Absorptionsspektrum usw. usw. finden, aber wären von einer wirklichen Erklärung des Farbigen doch noch weit entfernt; denn unsere Frage an die Natur darf nicht nur lauten: wie kommt es, daß dies und jenes uns rot erscheint? — sondern sie muß auch heißen: welche Gesetzmäßigkeit drückt sich in der nun einmal gegebenen Farbe aus, spricht sich hier ihr eigenes Wesen und vielleicht auch das des zu untersuchenden Naturgegenstandes aus? Eine reine analytische Frage führt zuallerletzt immer zu etwas Banalem; so etwa wie die Frage nach dem Licht mit Wellenstrahlung beantwortet wird, also mit etwas, das ja auch den Röntgenstrahlen, der Rundfunkmusik usw. zugrunde liegt und das Wesen des Lichts an sich gar nicht trifft. Um etwas über einen fremden Menschen zu erfahren, fragen wir ihn auch nicht, woraus sein Körper bestehe, denn wir würden dann erfahren, daß im Grunde alle Menschen aus der gleichen Substanz bestehen, und wenn wir uns über eine fremde Kultur unterrichten wollen, genügt es ebenfalls nicht, danach zu forschen, woher sie ihre Elemente nimmt (was die Kulturwissenschaft so oft tut), sondern man wird sich darum kümmern müssen, wes Geistes diese Kultur ist, was Wesentliches in ihr steckt usf. — Um ins bunte Reich der Natur einzudringen und dort Gesetzmäßigkeiten zu finden, müssen Wege beschritten werden, die nicht in so eintönige und langweilige Gefilde führen wie jene eben gekennzeichneten. Wir wollen die Erscheinung verehren und das Leben finden — dort, wo es am stärksten pulst und wo sich große Gesetze dem forschenden Auge willig künden; die Klaviatur, auf der die berauschende Melodie des Lebens gespielt wird, ist im Grunde uninteressant. Für uns kann sich das Farbige nicht daraus erklären lassen, wogegen die „Methode", mit der das Farbige erreicht wird, allerdings ein sachliches Interesse fordern muß. Man darf nur nicht in den geradezu üblichen Fehler verfallen und glauben, man habe die Erscheinung damit erklärt, wenn man angibt, daß die Färbung eines Vogels etwa durch den und jenen Farbstoff bewirkt wird, der chemisch so oder so zusammengesetzt ist. Dies zu wissen, ist wichtig, aber zum Erkennen der wirklich großen schöpferischen Gesetze überflüssig. Denn, wie wir noch sehen werden, sind der Natur die Mittel, mit denen sie ihre Gestaltungspläne (die freilich für manche allzu kurzsichtigen Wissenschaftler Zufallsergebnisse und keine Pläne sind!) durchführt, gerade recht, wie sie im Rahmen der gegebenen Stofflichkeit geboten erscheinen. Um etwa die Farbe Blau zu verwirklichen, bedarf es durchaus nicht immer eines besonderen Pigments, sondern es kann auch eine Struktur gebaut werden, die den Eindruck Blau hervorruft. Letzten Grundes sind es ja auch im Farbigen immer Gestaltungsgesetze der Natur, die das „Ergebnis" beherrschen. Die Anhäufung von Blüten in einem Blütenstand der Sonnenblume ist ganz unter den formativen Gesichtspunkt der Strahlenblüte (also einer Einzelblüte) gestellt, für die jeder Laie ja auch die Sonnenblumenblüte oder Löwenzahnblüte hält. So müssen wir auch lernen, das Erkennen des Farbenwesens über das der Farbenzusammensetzung zu stellen.

Um jedoch nicht wenigstens die allerwichtigsten Grundlagen verschweigen zu müssen, auf denen sich die bunte Natur aufbaut, mag vielleicht die folgende Übersicht dienlich sein:

Wir unterscheiden in der Natur folgende Farben:

1. Brechungsfarben, wie sie am Prisma entstehen. Sie spielen außer etwa beim Regenbogen u. dgl. in der Natur keine große Rolle.

2. Pigmentfarben entstehen, wie geschildert, durch auswählende Lichtschluckung. Wird alles Licht geschluckt, dann erscheint Schwarz, wird alles Licht wieder zurückgegeben (wie bei der Totalreflexion an Strukturen — weiße Haare, Federn, Schnee), dann Weiß. Hierher gehört die überwältigende Mehrzahl aller Naturfarben: das Chlorophyllgrün der Blätter, das Orange des Karotins (Karotte!), bunte Blütenfarben (Anthozyane), die Farben der meisten Tiere. Dunkle Pigmente sind z.B. die Melanine, die wieder in Eumelanine (schwarz, stäbchenförmig) und Phäomelanine (braun, körnig) geschieden werden. Daneben Lipochrome in Gelb, Rot, Grün. Es gibt unzählige Namen für unzählige, chemisch meist nur ungenügend bekannte Farbstoffe! — Besonders interessant sind die Fluoreszenzfarben mancher Papageien. Fluoreszenz nennt man die Eigenschaft gewisser Stoffe, Licht von sehr kurzer Wellenlänge (Ultraviolett!) zu schlucken und solches in Licht größerer Wellenlänge umzuwandeln und sodann als uns sichtbare Farbe auszustrahlen. Pterine und

Flavine bei Schmetterlingen und Pflanzen, Porphyrine bei Tieren (ein Kupfersalz des Uroporphyrins ist das durch Wasser umschlagende Turazin der Helmvögel) gehören hierher.

3. Die Oberflächenfarben, die sich durch eine schon in der obersten Molekülschicht stattfindende starke Rückwerfung und Schluckung auszeichnen. Wegen der starken Rückwerfung und Schluckung treten hier oft komplementäre Rückwurf- und Durchlaßfarben auf, wie etwa der grüne Fuchsinkristall rote Durchlaßfarbe zeigt. Im Gegensatz zu den stumpfen Pigmentfarben, bei denen Durchlaß- und Rückstrahlfarbe gleich sind, sind diese beiden Farben hier also gegensätzlich, was man schon bei eingetrockneter roter Tinte sieht. — Hierher gehören auch die Metallfarben, bei denen es sich weniger um auswählende Schluckung handelt (die farbig glänzenden Metalle wie Gold, Kupfer) als um vollständiges Zurückwerfen, das am stärksten beim Silber zu beobachten ist. — Oberflächen- und Metallfarben sind in der Natur seltener als Pigmentfarben; am häufigsten bei Steinen und Käfern.

4. Interferenzfarben oder Farben dünner Blättchen beruhen auf der Möglichkeit, daß sich Lichtwellen überlagern. Sie entstehen, wenn Licht auf sehr dünne Schichten fällt (Ölhaut, Perlmutterhaut, Seifenblase, dünne Hornschicht auf Federn der glänzenden Vögel). Diese Blättchen müssen so dünn wie die Wellenlängen selber sein. Auch hier sind die Farben in der Durchsicht komplementär zu denen im rückgeworfenen Licht. Ändert man die Blickrichtung, so ändern sich die Farben mit (Pfauenfeder, tropische Falter!). Die Farbenpracht kann durch Auslöschen der Wellenzüge, d. h. durch Überlagern eines Wellentals durch einen Berg, aus gewissen Richtungen betrachtet, verschwinden. Die Dünnblattfarben zeigen oft ein weites Wandern durch den ganzen Farbenkreis in bestimmter Richtung. Auch die Anlauffarben metallischer Oberflächen beim Erhitzen sind hierher zu rechnen.

5. Beugungsfarben entstehen beim Durchgang des Lichts durch ein feines Gitter, also durch sehr enge Ritzen. Sieht man durch eine Flügelfeder oder einen Regenschirm in die Sonne (auch ein Blinzeln durch die Augenwimpern genügt), so sieht man die feinen Lücken mit den Regenbogenfarben umhüllt. Die Farben der Luft gehören hierzu, sie sind also nicht auf dem Monde möglich. Das Licht wird von Teilchen gestreut, die in der Luft schweben, und zwar werden die kurzen Wellen leichter abgelenkt als die langen. Dieses abgelenkte Blau ruft die Farbe des Himmels hervor. Die Luftmoleküle reichen allein schon aus, um die Streuung der blauen Farbe zu bewirken (je kleiner die Teilchen eines Rauches, desto schöner blau die Farbe gegen einen schwarzen Hintergrund; wird das Rauchteilchen größer, etwa durch Wasseraufnahme im Mund beim Zigarettenrauch, dann erscheint es grau!). Auch die blaue Meeresfarbe erklärt sich (abgesehen von der Spiegelung des Himmels) aus der Streuung des Lichts durch die Wassermoleküle. Zusammen mit gelbem Sanduntergrund kann sich so ein wunderschönes Grün ergeben. — Hierher gehören auch die Höfe um Sonne und Mond (Licht hinter einer behauchten Fensterscheibe zeigt einen bunten Hof!) — Im Lebensreich sind diese Farben unwichtig; man kann sie bei Schmetterlingen mit bestimmten Schuppen beobachten.

Das Reich der Steine und des Anorganischen überhaupt.

Auf den ersten Blick zeigt sich die Welt der Minerale und Gesteine als ein lebendiges, buntes glitzerndes Reich; nirgendswo scheinen sich die Farben köstlicher und reiner zu entfalten. Kein Grün übertrifft die Farbe des Smaragds, kein Rot kann heißer brennen als das des Rubins, und außer dem Blau des Saphirs mag es kein geheimnisvolleres und sehnsüchtigeres Blau zu geben. Und dennoch gehört die Farbe nicht zum eigentlichen Wesen des Steins.

Ein Kristall bleibt ein Kristall, auch wenn er seine Farbe ändert. Damit verzichtet er noch nicht auf seine Wesensart; bleibt doch ein Korund Korund, ob er nun farblos, gelb, blau oder rubinrot ist. Die farblose graue Tonerde, die ja in kristallisierter Form Korund genannt wird und als Saphir oder Rubin in verschiedenen Farben auftreten kann, erhält nur durch fremde Beimengungen einen Glanz, der eigenes Leben vorspiegelt, aber zum Wesen der Tonerde gar nicht gehört. Wir haben ja schon gesagt, daß die Farbe dem Stein als Pigment eingelagert sein kann (z. B. Chrom beim Rubin); wir sprechen dann von einem fremdfarbigen Stein. Der eigentlich farblose Quarz, der sich am reinsten im Bergkristall zur Schau stellt, kann mannigfach gefärbt auftreten: als Amethyst (violett), Zitrin (hellgelb), als Rauchquarz (braunschwarz) usw.; der Beryll erscheint als Aquamarin grünblau bis wasserblau, als Smaragd tiefgrün. Erhitzt man einen Amethysten, so kann man künstlich daraus einen Zitrin herstellen, der in der Natur auch wohl nur bei höheren Temperaturen entstanden ist. Plötzlich schlägt die violette Farbe in ihre Gegenfarbe um, auf diese Weise den ganzen Farbenkreis beherrschend. Der reine Kristall, der am adeligsten im Diamanten verkörpert ist, kennt keine Farbe; lichtdurchlässig ist er, ein Spielball des Lichts, das er in seinem Inneren hin und her wirft, mit dem er funkelt und sprüht, das er aber nicht ins Farbige für dauernd eintreten läßt, denn er schluckt kein Licht, das bleibt geschlossen, raumheimisch, wie es kam. Im reinen Kristall wird das Licht überhaupt nur sichtbar gemacht, wie das Licht wiederum erst die Körper zeigt. Das Licht kann die Steine nicht wie Pflanzen zum Leben erwecken, sondern kann sie nur beleuchten, wodurch es sich selbst und der Steine Gestalt sichtbar macht.

Wie steht es nun aber mit den die Steine färbenden Substanzen und vor allem mit den Mineralen, die nicht fremdfarbig sind, sondern für die eine eigene Farbe kennzeichnend ist? Ist hier nicht die Farbe mit dem anorganischen Stoff eng verbunden? Nein, auch die Eigenfarbe irgendeines Stoffes ist nur ein Zustand, der sich rasch und leicht ändern läßt. Schwefel bleibt Schwefel — auch wenn er, durch Säure aus einem Salz kolloidal gefällt, bei der Vergrößerung der Kolloidteilchen alle Farben vom Gelb zum Rot, Violett und Blau durchläuft, um schließlich eine trübgraue Milch zu ergeben. Auch die Metalle haben keine bleibende Eigenfarbe. Gold in dünnen Blättchen wird bei Durchsicht grün bis blaugrün. Auch frei verteiltes Gold erscheint blaugrün, und das allerfeinste kolloidale Gold bekommt gar eine Rubinfarbe. Silber kann je nach dem Zerteilungsgrad der Teilchen in einer Aufschwemmung gelb, orange, rot, violett, blau und blaugrün aussehen, ja man bezeichnet in der Kolloidchemie diese Metalle geradezu als allfarbig (pantochrom). Die Farbe Gelb kann also keine Eigenschaft des Schwefels oder Goldes sein[1]). Genau genommen kommt überhaupt keiner Substanz als solcher eine bestimmte Farbe zu. Daß es dennoch Farbstoffe gibt, die immer die gleiche Farbe aufweisen, liegt nur daran, daß in ihnen eben ein bestimmter kolloidaler Zerteilungsgrad der Substanz herrscht. Die farbigen Erden, wie Umbra, Terra di Siena, Ocker, sind von vornherein kolloidalen[2]) Charakters. Mit der Teilchengröße ändert sich die Farbe, und zwar so, daß die molekulare Lösung gewöhnlich farblos ist und die höchste Körnchengröße ein undurchsichtiges Grau ergibt. — Der kolloidale Zustand der Substanz ist also für die Entstehung der Farbe wesentlich. Kolloid und Kristall aber schließen sich aus; denn entweder fügen sich die Teilchen aus einer molekularen Lösung mathematisch (kristallisch) oder nichtmathematisch (kolloidal) zusammen. Kolloide hängen noch mit dem Lösungsmittel zusammen, Kristalle aber haben sich streng davon getrennt. Die Strukturen, die Kolloide miteinander bilden können (Schaum, Netze usw.), sind niemals kristallisch. Man trifft solche Strukturen im Zellplasma, wie denn ja überhaupt die kolloidale Zerteilung ganz

[1]) Vgl. hier die Ausführungen bei J. Killian, l. c.

[2]) Kolloidale Zerteilung entspricht Teilchendurchmessern von 100—1 mμ.

besonders für das Organische typisch ist. Selbst die Pflanzen, die sich aus dem Anorganischen ernähren, müssen die Nahrung aus dem Boden in kolloidaler Lösung aufnehmen.

Ist die Farbe tatsächlich so eng an den kolloidalen Zustand gebunden, dann muß sie ja von vornherein dem Mineralreich, dessen kennzeichnende und reine Ausbildung eben im durchsichtigen Kristall gipfelt, fremd sein. „Jeder Kristall, der von nicht kristallisierter Substanz, mag sie die eigene oder eine fremde sein, durchsetzt ist, kann schon deswegen nicht vollkommen sein" (Killian). Der Kristall muß also farblos sein, will er vollkommen Kristall heißen können. Da der Kristall die reine Weise des Anorganischen ausdrückt, müssen wohl auch alle Steine nach dieser Vollkommenheit „streben" (d. h. im allgemeinen ausgerichtet sein). Man wird deshalb überall im anorganischen Reich die Allfarbigkeit und das bloße Aufgehen im Licht feststellen können. Denn Licht ist Gestalt, und Kristall ist Gestalt im Raum; der Raum gestattet dem Anorganischen seine eigentliche Offenbarung. Wir wissen ja, daß die Kristalle nicht in der Zeit wachsen wie die Pflanzen, wo man als Polarität, Wurzel und Spitze unterscheiden kann, sondern daß sie sich nur im Raum kristallisch vergrößern können, wobei es belanglos ist, wie groß überhaupt ein Kristall wird. Nur im Raum kann sich aber auch das reine Licht zeigen. Das Licht hebt die räumliche Struktur des Kristalls nicht auf, die Farbe aber gibt dem Anorganischen einen Glanz des Lebendigen, damit auch des Zeitlichen; denn das Leben ist nur in der Zeit möglich. Zur wirklich wesenhaften Offenbarung kann die Farbe jedoch erst im Organischen kommen, das ihr gleichsam gemäß ist (vgl. Fünfeck!). Im Kolloidalen, wozu auch die Malerfarben rechnen, entsteht die Farbe als etwas Festes. Prismen- und Beugungsspektren treten an an sich farblosen Körpern durch Herausschneiden eines Lichtstrahls auf, aber die hierbei entstehenden Farben haben nur flüchtigen Charakter; sie fixieren sich nicht. Allein dort, wo kolloidale Substanz vorhanden ist, haben die Farben von vornherein ihre Heimat, dort fixieren sie sich und nehmen Körperlichkeit an.

Das Streben des Anorganischen zum farbenumfassenden Licht, zur Allfarbigkeit, kündet sich überall. Im Diamanten offenbart sich das Licht, im Graphit oder in der Kohle die Finsternis. Das durchsichtige Wasser wird als Kristall (Schnee, Eis) weiß — und ist so ebenfalls mit dem Licht verwandt. Auch das Silber, das an sich alle Farben umfaßt, glänzt weiß. Der gelbe Schwefel verbrennt mit blauvioletter Flamme, in ihm steckt also die Gegenfarbe irgendwie potentiell darin (Objektivität des Farbkontrastes!), Gelb und Blauviolett aber bezeichnen den ganzen Farbenkreis. Der rote Phosphor brennt grün oder weiß, geschmolzenes rotes Kupfer gibt eine schöne blaugrüne Farbe, schwarzer Rauchquarz wird durch Glühen weiß, wie Kohle sich durch Rot- und Gelbglut bis zum Weißen steigern kann. Ebenso ist auch die höchste Glutfarbe von Eisen, Kupfer und Quecksilber weiß. Aus farblosen Substanzen bricht plötzlich eine Farbe wie verhaltenes Leben hervor, so aus dem Wasserstoff das rote Gas, aus dem Natrium (man werfe Kochsalz in die Flamme!) das gelbe Licht (Natriumdämpfe in dickeren Schichten erscheinen gerade in der Gegenfarbe blauviolett), Eisendampf ist grün, Quecksilberdampf milchviolett, der Dampf des roten Kupfers ist grün. Es ist nur eine Auswahl von Farben, in der der Stoff als Gas leuchtet; die prismatische Untersuchung zeigt, daß das rote Wasserstoffgas neben dem Roten auch im Blaugrünen und Violetten Farben aussendet. Nur das Natriumlicht ist reingelb, während das grüne Eisenlicht durchs Prisma betrachtet einem bunten Gitter gleicht.

Die Allfarbigkeit und besonders Gegenfarbigkeit äußert sich auch in den Verbindungen: violettes Jod hat gelbe Verbindungen, Eisen teils rote, teils grüne; Mangan grüne und rotviolette, Arsen gelbe bis rote, ja rotbraune, Quecksilber zinnoberrote. Der Gegensatz zwischen Base und Säure und entsprechend Blau und Rot (vgl. Lackmuspapier) zeigt eine eindrucksvolle Polarität, von der aus Goethe seine Betrachtungen über die „chemischen Farben" beginnt. Die Flammen der alkalischen Metalle (Leichtmetalle) sind interessanterweise hauptsächlich grün, gelb bis gelbrot oder rot, nehmen also die warmen und lichten Farben des Kreises ein, während die Schwermetallflammen vom Grünen nach dem Blauen und Violetten ziehen, somit die dunkleren und kälteren Farben bezeichnen, eine Tatsache, auf die in Anerkennung des objektiven Charakters der

Gegenfarben F. Kipp[1]) aufmerksam gemacht hat. Zusammengenommen ergeben diese Metalle also wiederum den ganzen Farbenkreis. — Säuren wirken auf ein und dasselbe Metall farbig oft ganz entgegengesetzt; so löst sich das graue Schwermetall Vanadium in Schwefelsäure mit gelber, in Salpetersäure mit blauer Farbe! Wiederum erweist sich eine gleichsam bipolarische Kraft; das graue Metall besitzt die Möglichkeit, durch Entwickeln zweier Gegenfarben den ganzen Farbkreis zu bestreiten. Auch innerhalb eines einzigen Minerals können sich Gegenfarben zeigen. So erscheint der Augitkristall im Durchschnitt violett und gelb, und der Turmalin kann innen rot, außen grün, unten rot, oben grün, innen grün, außen rot usw. gefärbt sein. Der — bezeichnenderweise wasserreiche — Opal zeigt auf grauweißem Grund ein buntes, wechselndes Farbenspiel (der Feueropal wechselt nur von Grün nach Rot; gewissermaßen als Ersatz für das Durchlaufen des ganzen Farbenkreises beim Edelopal), das auf der Erscheinung der Interferenz (S. 97) beruht und durch eine lamellenartige Ausbildung der Opalmasse gewährleistet wird.

Das Farbenspiel des Opals kann man, wie Henrik Steffens in seiner ganz goetheanischen Arbeit „Über die Bedeutung der Farben in der Natur" (im Anschluß an Ph. O. Runges Farbkugel veröffentlicht) sagt, als harmonisches Farbenspiel bezeichnen. Der Gelehrte gibt neben vielen Anregungen und Beobachtungen auf diesem Gebiet zwar keine Erklärungen im üblichen Sinn, erst recht keine Kausalerklärungen, weiß aber das herauszustellen, was wahrhaft anschauenswert ist und geeignet erscheint, das Urphänomen klarzustellen. Bei der Behandlung des Opals sagt er z. B.: „Am reinsten und lehrreichsten erscheint das Nebeneinanderseyn der harmonischen Farben, und zwar auf eine solche Weise, daß sie sich wechselseitig erheben, und zwischen sich das Universelle der ganzen Reihe, das Grau, hervorrufen, im Opal. Daß das harmonische Farbenspiel des Opals aus dem allgemeinen Grau des Wassers hervortritt, leidet keinen Zweifel, denn der Opal liefert eine bedeutende Menge Wasser. Hier nun zeigt sich eine Spannung des lebendigen Farbenbildes selbst, aus welcher die Einheit

[1]) Das Auftreten der Gegenfarben im menschlichen Wahrnehmungsvorgang und in der Natur. „Erziehungskunst" XI. Jahrg., H. 5/6, 1937/38.

wider die Duplizität hervortritt. Aber wo diese hervortritt, entsteht eine wahre Musik, das Thema wird durchgeführt, bis alle Töne sich in eine Harmonie auflösen. Dem brennenden Roth gegenüber erscheint das glänzendste Grün, die ganze Farbenreihe in einem Accord verschmelzend. Als ein ruhiger Durchgangspunct erscheint das mildernde Grau, schnell entstehend und verschwindend; dann bricht das Gelb hervor, und ihm gegenüber, als ein neuer vollständiger Accord, das Blau und Roth im Violett. Nochmals erscheint in einem schnell vorbeyeilenden Moment, das Grau, und aus diesem der dritte alles lösende Accord, das Blau, mit gegenüberstehendem Roth und Gelb als Orange." Hier wird also der ganze Buntheitskreis bzw. Graukreis durchlaufen nach dem Prinzip der Gegenfarbigkeit. „Die Farben sind ja nichts anderes als das Leben des Grauen." Und es ist kennzeichnend, wie gerade im Opal das Graue die Grundlage der Farbenerscheinung abgibt. — Für das Wesen des Opals als desjenigen Edelsteins, der von einem gallertigen, kolloidalen Zustand wie ein lebendiges Gebilde ausgehend allmählich zur Struktur übergeht und sozusagen auf der Stufe zur Kristallwerdung der Kieselsäure stehengeblieben ist, muß dieses geradezu organische Farbenspiel als höchst bezeichnend gelten. Hier offenbart sich das „Urphänomen" der Verwandtschaft des Farbigen mit dem Organischen besonders rein, hier tritt überhaupt das Wesen des Farbigen besonders typisch in Erscheinung. Man wird derartige Einsichten aber nie gewinnen, wenn man die Farbe einseitig kausal befragt und aus ihrem eigentlichen Zusammenhang der Natur nimmt, wo sie eben als handfesteste Offenbarung des Lichts uns viel sagen will.

Diese Beispiele haben wohl zur Genüge gezeigt, wie im anorganischen Reich — im ganzen betrachtet — immer eine Erfüllung des Lichts durch den polaren Farbgegensatz erstrebt wird, wie sich andererseits aber nie eine Farbe rein ausdrucksmäßig mit einem Naturgegenstand verbindet und mit ihm eine Wesenseinheit wird, sondern wie die Farbe durch ihren Gegensatz immer wieder aufgehoben wird. Am reinsten offenbart sich der Gegensatz in der Stofflichkeit der schwarzen Kohle und — als lichtraumhafter Kristall — im Diamanten. Grau sind die Erden, aus denen bunte Steine kristallisieren können, grau und braun ist aber auch die Erde, die das Grab aller Steine, das Verwitterungsende, darstellt. Was an bunten Farben wirklich im Mineralreich auftritt, ist meist eine entschiedene Farbe, deren Gegensatz entweder im selben Stück oder doch bei einer Verwandlung hervortritt und so potentiell im Stein enthalten scheint. Meist sind es Hauptfarben, deren harmonische Erfüllung die Ganzheit des Lichts erstrebt, des Lichts, dessen Kinder letztlich die Steine, insonderheit die reinen Kristalle sind, die wie das Licht dem Raume angehören.

Das Pflanzenreich.

Die Pflanze lebt im Licht. Vom Schwerpunkt der Erde strebt sie empor zum Licht, das ihr die Assimilation der Kohlensäure, jenen chemischen Grundprozeß gestattet, auf den sich alles Lebendige von der Alge bis zum Menschen aufbaut. Die durch die Assimilation aufgenommene Energie wird wieder in eine Spannkraft, in Kohlehydrat, Eiweiß usw. verwandelt, um im tierischen Organismus, der sich von der Pflanze ernährt, durch physiologische Arbeitsleistung wiederum in Lebensenergie verwandelt zu werden. Dieser für den Bestand des Lebens grundwichtige Lebenskreis wirkt sich in der Welt des Farbigen aus. Ausgangspunkt ist das reine unzerlegte Licht, das wir kennenlernten als eine Einheit, als etwas Unkörperliches, das nur am Körperlichen die Weise des Anorganischen annimmt, das Körperliche lediglich spiegelnd, und als fließender Kristall, der die Unendlichkeit umfaßt, in äußerster Eile und doch ehern ruhig im Raume ist. Die eigentliche Farblosigkeit des Lichts findet ihren Niederschlag im Grau des Stofflichen. Dem farblosen, lichtdurchfluteten Kristall stehen ja die grauen Erden gegenüber, das Stoffliche, das sich nicht im reinen Kristall auslebt, sondern eine Neigung zum Kolloidalen hat. Aus diesem Grau und unbestimmten Braun der Erde (im Inneren des Farbenkreises!) zwischen dem toten schwarzen Mittelpunkt der Erde und dem strahlenden Licht erhebt sich die Pflanze dem Lichte entgegen. An ihrem Stengel ist sie mit brauner Farbe noch dem irdischen Schoß verbunden. Besonders am flächenhaft dem Lichte dargebotenen Blatt erkennen wir im Grün das Bild des Lebens, das sich hier als Buntheit auf niederster Stufe offenbart und gegenüber dem Grau des Anorganischen die Urfarbe des Organischen schlechthin ist (vgl. Kap. 2). Hier sind die organischen Erdenstoffe gewissermaßen vom Leben durchflossen. Immer wendet sich der Chlorophyllträger im Blatt mit seiner Breitseite dem Lichte zu, dadurch seine Freundschaft mit diesem bekundend (S. 42). Nun assimiliert die Pflanze und wächst, immer weiter vom Erdmittelpunkt weg, hinein ins Licht. Doch wenn es zur Fortpflanzung kommt, berühren sich die Tier- und Pflanzenwelten. Hier steht die Farbigkeit in bezug auf etwas, das sehen kann. Hier verwirklicht sich die Farbe als Organ der Pflanze. Die Blüte ist fast stets bunt und meistens reinbunt, selten braun und niemals eigentlich grau. Sie erscheint zunächst in den beiden Farben, die sich (man betrachte das Farbenfünfeck Abb. 5 auf S. 61) an das Grüne unmittelbar anschließen, nämlich einmal im Blau, andermal im Gelb. Das sind die ursprünglichsten Blütenfarben, und man kann leicht nachprüfen, daß die blauen und gelben Blüten (außer den weißen, wobei Weiß gewissermaßen die Zusammenfassung beider Farben in höherer Reinheit und Einheit ist) im Frühjahr, besonders in kälteren Gegenden zuerst erscheinen; fast alle unsere Februar- und Märzblüher sind ja, soweit sie einheimisch sind, außer weiß gelb und blau. Dabei neigt das Blaue zum Violetten, das Gelbe zum Orange. So können sich beide Farben steigern zum Roten (vgl. S. 63), was man ja am schönsten bei unseren Sommerblühern beobachten kann. Im Roten verbrennt sich gewissermaßen die Blüte, wird dann braun, welk und sinkt in dieser Erdenfarbe wieder zum Boden hinab. Auch die meisten Früchte weisen diesen dem organischen Farbenkreis entsprechenden Wechsel der Buntheiten auf. Sie gehen aus dem stofflich-lichthaften Grün ins Gelbe und schließlich ins Orange und Rot über und können dann sogar noch weiter ins Blaue und Violette hinübergreifen, wodurch sie wieder die dunkle Seite des Farbenkreises aufsuchen. Das Dunkelblaue und Violette sind meist Farben des Sichzurückziehens, des sich wieder Zusammenschließens. Das entspricht ja auch ihrem Wesen, wie wir das schon im 2. Kapitel sahen. Ist die Bestäubung z. B. des Lungenkrautes vollzogen, so wechselt seine Blütenfarbe vom Roten und Violetten bis zum tiefen Blau.

War Grün das Bild des Lebens, gebannt im Stofflichen, so ist Rot die aktive Farbe des Lebens. Sie spielt bei den Tieren eine besondere Rolle, zeigt sich indessen schon in sehr kennzeichnender Weise bei den Pflanzen und nicht nur in der Verbrennungsfarbe der Blüte, die tatsächlich (wie z. B. beim Aronstab) erhebliche Wärmegrade aufweisen kann. Wärme und rote Farbe wirken ja auch bei der Assimilation der Kohlensäure am Licht wesentlich zusammen, und es kommt durchaus nicht nur auf die Wellenlänge des ausnützbaren Lichts an, sondern auch auf die Wärme. So ist es kein Wunder, wenn man bei Pflanzen, die ungeheuer rasch atmen und dabei viel Wärme erzeugen, immer wieder auf die rote Farbe trifft. Der an sich farblose Zellsaft (seine Reaktion ist gewöhnlich sauer) wird bei beschleunigter Atmung immer saurer und röter, schließlich fast violett. Auch Wundstellen (geschnittene Rosenzweige!) zeigen zuweilen diese rote „Fieberfarbe". Rot ist die aktive Farbe des Lebens; sie kann aber auch auf ein künftiges Geschehen hindeuten. Dann freilich erscheint sie zart und bleich, mehr purpurrosa, weniger körperlich, mehr „seelisch". Ehe sich das Laubwerk der Eiche endlich entfaltet, tragen die Knospen einen rötlichen Schimmer. Rötlich übergossen sind viele Zweige (Weiden) und Stengel dort, wo sich die Blüten bilden werden. — Physiologisch läßt sich das plötzliche Erscheinen der blauen und roten Farbe aus dem Grünen teilweise dadurch erklären, daß die vor den Blüten angestauten Assimilate eine Hemmung der Assimilation bewirken und auf hier nicht näher zu schildernde Weise zur Bildung des Anthozyans führen, das ein sehr wichtiger Blütenfarbstoff ist und in saurer Umgebung rot, in alkalischer blau erscheint.

Aber noch eine weitere und sehr wesentliche Rolle spielt das Rote oder doch wenigstens das aus dem Gelben her kommende Rot und Orange im Pflanzenleben. Und zwar in den Karotinen[1]). Man hat jetzt nachgewiesen, daß das Karotin den Anstoß zur Bildung des Auxins gibt, eines Hormons der

[1]) Neben dem Chlorophyll, das in blaugrünes Chlorophyll a) mit der Formel $C_{55} H_{72} O_5 N_4 Mg + 1/2 H_2O$ und in gelbgrünes b) mit der Formel $C_{55} H_{70} O_6 N_4 Mg$ zerlegt wird, enthält der Chloroplast noch geringe Mengen von Karotin. Dies ist ein orangeroter kristallisierender Kohlenwasserstoff von der Formel $C_{40} H_{56}$. Sein Oxyd ist das mehr gelbe Xanthophyll. Karotin färbt auch die Möhre!

pflanzlichen Zellstreckung, das die Hinneigung zum Licht bewirkt, die wir ja immer wieder an Pflanzen, auch in der Stube, beobachten können[1]). Bei verschiedenen Farben ist nun eine verschieden starke Energie erforderlich, um eine gleichstarke Krümmung nach dem Licht zu erzielen, und zwar sind Blauviolett und Blaugrün am wirksamsten. Das aber sind gerade die Gegenfarben des Karotins, aus dem diese also (wie das Chlorophyll aus den roten Strahlen) ihre Energie durch Absorption gewinnen. Daß die Krümmung nach dem Licht tatsächlich mit dem Vorhandensein des Karotins zusammenhängt, ersieht man schon daraus, daß in der Haferkeimscheide (dem „Versuchskarnickel" der Wuchshormonforschung) nur an der Spitze, die allein die Krümmung zeigt, Karotin vorhanden ist. Nun regt das Karotin durch die aus dem blaugrünen und blauvioletten Licht gewonnene Energie sozusagen das Auxin an, eine Zellstreckung an der dem Licht abgewandten Seite zu verursachen, wodurch eben eine Hinkrümmung zum Licht stattfindet. — Diese wichtigen Untersuchungen zeigen einmal die Beziehungen des gelbroten Farbstoffes zur Bewegung (immer kehrt diese Gesetzmäßigkeit wieder!), dann aber müssen wir uns hier erinnern, daß der Sehpurpur, der ja für das Sehen der Wirbeltiere von so großer Bedeutung ist (S. 80), auch nichts anderes als ein an Eiweiß gebundenes Karotin ist! Sehpurpur war der Empfindlichkeitsbahner, der Wegbereiter des Lichts; er führte das Auge aus der Finsternis heraus dem Licht entgegen. Und in der Pflanze wiederum tritt das Karotinrot mit der aktiven Lichtempfindlichkeit hervor! Während nämlich das Grün sich nur dem Lichte gibt und sich darin ausbreitet, veranlaßt das Rot und Rotgelb die Bewegung der ganzen Pflanze zum Lichte hin; einmal das weibliche Nehmen der inaktiven Grünfarbe, andermal das führende und aktive Rot — zwei Farben, die in ihrer geradezu männlich-weiblich gestimmten Polarität zum Leben gehören.

Aber es gibt doch einen wesentlichen Unterschied zwischen Sehpurpur und Karotin der Pflanze. Das Karotin bleicht nicht aus durch die Belichtung, der Sehpurpur aber wandelt sich,

[1]) Diese Probleme untersucht: E. Bünning, Aufnahme und primäre Wirkung der Lichtreize in der Pflanze. Forsch. und Fortschr. 14. Jahrg., Nr. 5, 10. Febr. 1938.

wie wir gesehen haben, in Sehgelb und Sehweiß und kann sich nur in der Finsternis wieder aufbauen. Diese Verhältnisse spiegeln nun wieder ganz verblüffend das, was wir über das Wesen des reinen Rot und des Purpur im Gegensatz zum Gelbrot gesagt haben; das Gelbrot ist aktiv und strebt zum Licht, selbständig kämpfend, das Purpur aber ist ein Kind der Finsternis, des Innerlichen, Seelischen. Grün und Purpur sind die beiden Bilder des Lebens, einmal im Stofflichen, andermal im Seelischen; Rot aber ist keine Bildfarbe in unserem Sinn, sondern ein aktiver Kämpfer fürs Licht, in ihm spiegelt sich vornehmlich die Bewegung des Lichts. Ein zweiter Unterschied zwischen Karotin und Sehpurpur ist nicht minder bezeichnend für das Farbenwesen, das sich hier offenbart. Er ist — wie der andere — in seiner Tragweite noch nicht gesehen worden und liegt doch so nah, wenn man die Farbenseele kennt! Die Pflanzen tragen das Karotin im Chloroplasten, sozusagen unter der Obhut des Chlorophylls *verteilt*, während das Tier es an einem einzigen Punkt, eben auf der Netzhaut *versammelt*. Das Gelbe, das der Karotinfarbe ja weitgehend innewohnt, ergeht sich hier seinem Wesen gemäß im Ausstrahlenden, Verteilenden, das Purpur aber zieht sich auf sich selbst zurück oder erscheint doch im Brennpunkt zwischen Licht und Finsternis dort, wo sich der Lichtstrahl aus der Außenwelt mit der Dunkelheit im Augeninneren trifft. Höchst aufschlußreich ist es nun, zu sehen, wie bei niederen Organismen, etwa einzelligen Algen und Urtierchen, das Karotin die Neigung hat, sich an bestimmten Stellen anzusammeln. Das ist nämlich schon ein wenig bei dem Schimmelpilz Pilobolus der Fall, dessen Sporangienträger zu Karotinuntersuchungen sehr geeignet sind. Merkwürdigerweise zeigen ja auch sonst die Pilze gewisse (scheinbar rein äußerliche, aber doch hinweisende) Parallelen zum Tierreich, indem in ihrem Zellsaft Glykogen (die tierische Stärke, die sonst im Pflanzenreich nur noch bei Schleimpilzen und Blaualgen regelmäßig vorkommt) nachzuweisen ist und indem ferner das Chlorophyll fehlt; auch kommt in den Zellwänden der Pilze das sonst nur noch aus der Insektenwelt bekannte Chitin vor. Außer diesen Pilzen besitzen gewisse Geißelalgen, wie etwa Euglena (die man auch zu den Tieren rechnete, weil sie sich sowohl assimilatorisch wie tierisch ernährt), rubinrote, karotinbedingte Augenflecke, die der Lichtwahrnehmung dienen, also Vorstufen des Auges sind. So sehen wir auch hier wieder die Zuordnung des Roten zum Tierreich dort, wo es sich um Wahrnehmen und Aktivität handelt.

Jedenfalls fällt dem Karotin, wie und wo auch immer es im Lebensreich auftritt, eine hervorragende Rolle bei der Vermittlung zwischen Licht und Finsternis zu, und es dient häufig der Aufnahme von Lichtreizen. Es ist dem Licht zugeordnet wie das Grün des Chlorophylls, unterscheidet sich aber von ihm — dem Farbenwesen entsprechend — dadurch, daß es nicht passiv, sondern aktiv ist und dementsprechend Bezug zu Bewegung und Reaktionen „von innen her", aktives Tätigsein verrät. Schließlich verdient die Tatsache vermerkt zu werden, daß Karotin bei Belichtung sich in den Lebensstoff Vitamin A umwandelt, während das Chlorophyll bei Belichtung den Assimilationsvorgang, also die Synthese von Kohlehydraten besorgt, die den passiven Charakter der Nahrung und nicht den aktiven des anregenden Vitamins trägt — wohl keine Zufälligkeit!

Auch bei der gelben und roten Herbstfärbung spielt das Karotin eine Rolle, indem sich das Chlorophyll zersetzt und die Farbe des Karotins mehr Übergewicht bekommt (wobei außerdem noch eine rote Färbung des Zellsaftes auftreten kann). Bei Nadelhölzern findet im nächsten Jahre wieder ein Aufbau der grünen Farbe statt; sonst aber geht das herbstlich gefärbte Blatt seinem Untergang entgegen. Hier begegnet uns also wieder das Rot als ständiger (aber nicht kausalnotwendiger!) Begleiter der Lebensvorgänge, der Änderung in der Zeit. Die Fälle, wo es sich derart verhält, sind so häufig und so deutlich, daß es an Blindheit grenzte, wollte man hier nicht eine Offenbarung intimster Naturgesetze fernab vom Fragen über Nützlichkeit und Kampf ums Dasein erblicken. Die Pflanze lebt uns ja das Wesen der Farbe geradezu vor; Farbe „an sich" gibt es nicht — weshalb sollen wir dann an diesen Tatsachen, die nur angeschaut sein wollen, vorübergehen? — Aus dem grünen Blatt wird das gelbe und gelbrote, das schließlich stirbt. Die braune Blattfarbe ist immer ein Zeichen dafür, daß das Organ schon tot ist; braune, wasserlösliche Farbstoffe sind aufgetreten; im irdenen Gewand fügt sich das Laub der Mutter Erde, die für die Pflanze Schoß und Grab zugleich ist. Braun und grau bis weiß sind die Wurzeln und Knollen, die unteren Stengelgebiete, grün prangt die sich am Licht breitende Blattspreite. Vom Grünen ausgehend und sich wandelnd über Blau und Gelb der Blüte, sich steigernd zum Rot und von dieser Farbe begleitet bei allen Bewegungen, erleuchtet und zugleich vom Schatten des Todes getrübt, senkt sich die Pflanze braun und grau in den Schoß der Erde hinab. Dieser Farbenkreis ist durchaus organisch; wir können ihn an unserer Abb. 6 gut verfolgen und bemerken, daß er keine Sprünge macht, wie das ja gerade für die Steine so kennzeichnend war, die sich immer des ganzen Kreises auf einmal zu bemächtigen versuchten. Hier aber bei der Pflanze wirken Farbe und Zeit zusammen. Wie sich die Pflanze von der Drei, Vier und Sechs der Kristalle — im Großen gesehen — frei gemacht hat und erstmalig den Weg zum Fünfeck fand, das, zwar in sich geschlossen, doch eine ständige Bewegung verrät, folgt man den Linien des Pentagramms —, so hat sich auch hier das Licht aus dem unendlichen Raum in die Zeit gesenkt und offenbart sich eben in der Farbe.

Ja, Farbe ist eine Offenbarung des Lichts, dessen Seele sie verkörpert, während das Licht vor der Geburt der Farbe und danach wie ein Geistiges oder Stoffliches zugleich erscheint. Deshalb findet die Farbe in der Pflanze erst ihre eigentliche Heimat. Wo im Mineralreich Farbe auftauchte, da handelte es sich um Farbstoffe, deren Struktur selbst gar nicht kristallisch, sondern kolloidal war; Farben sind also Fremdkörper im eigentlichen Reich der Steine, das im Diamanten gipfelte und in der Kohle rücksichtslos das Tote abbildete. Dieses Tote, das sich im Schwarz versinnbildlicht, kennen wir ja von den Pflanzen, die — verbrannt — die schwarze Holzkohle bilden und die vor Jahrmillionen auch die Kohlenschätze unserer Erde einverleibten[1]). Aus dem Grün, das zwar rein stofflich, aber doch vom Leben durchtränkt erscheint, wird das Schwarz, wenn man dieses Leben, das sein Dasein dem Lichte verdankt, zerstört. So steht Grün in der Mitte zwischen Schwarz und Weiß

[1]) Auch das Schwarz ist hier in gewissem Sinn eine Wirkung des Lichts, das ja auch weißes Papier schwärzt (ansengt) und als brennende Flamme die Farbenerscheinung symbolisiert (unten blau, dann gelb, Spitze rot!). Die Aschenfarbe ist Grau als Ausgleich der Spannung Weiß—Schwarz!

— wie in unserer Farbenfigur. Doch ist das Schwarze, die Kohle, ja keineswegs ein Nichts, es ist ein stofflicher Kräftevorrat ungeheuren Ausmaßes, ohne den unsere ganze Technik nicht zustande gekommen wäre. Wie aus dem Licht das Leben brechen kann, so kann es auch aus der Finsternis, dem Grabe, wieder neu erstehen.

Schwarz als Abbild des Stofflichen und des Todes tritt bei der lebenden Pflanze niemals auf; am allerwenigsten gibt es schwarze Blüten, die ja ganz im Gegenteil immer das Streben zum Licht verkünden und aus Blau und Gelb sich zum Roten steigern oder alles in allem gleich in reinem Weiß (das durch Totalreflexion des Lichtes entsteht) erscheinen können. Diese Tatsache, daß rein schwarze Blüten nicht vorkommen, obwohl doch im Tierreich die schwarze Farbe sehr häufig ist, kann durch die Nützlichkeitsforschung nicht beantwortet werden; demjenigen aber, der wesentlich denkt, ist es eine Selbstverständlichkeit. Bei Früchten, die aus dem Roten kommen und ins Blauviolette, der dunkelsten Farbe, ziehen, kann man höchstens von fast schwarzer Farbe sprechen, obwohl sich bei Betrachtung dünner Schichten doch die violette zeigt. Sehr dunkle Früchte hat die graupurpurn blühende Tollkirsche. Überhaupt haben gewöhnlich rot- oder purpurblühende (auch purpurrosa) Pflanzen schwarzblaue oder violette Früchte, während weißblühende Pflanzen gelbe oder rote, unscheinbar blühende sogar auch weiße (Schneebeere) besitzen. So bedeutet in vielen Fällen — rein farblich — die Fruchtfarbe eine Wiederaufnahme und Fortsetzung der Blütenfarbe im Sinne des Wanderns auf dem Farbenkreis.

Betrachten wir nun die Blütenfarben etwas genauer. Eine eigentliche Erklärung, warum es so verschiedene Blütenfarben gibt, ist von noch niemandem gegeben worden. Die darwinistisch eingestellten Biologen glauben zwar, mit der Auslese das Geheimnis enträtseln zu können, indem sie etwa sagen: es treten eben bei z. B. weißblühenden Arten plötzlich blaue Blüten durch Mutation auf (was ja auch nachweisbar ist); vielleicht wird diese blaue Farbe durch die Bestäuber bevorzugt — und nun ist eine blaue Blüte entstanden, während die weiße schlimmstenfalls aussterben kann. Jedoch ist noch kein einziger Fall entdeckt worden, aus dem hervorgeht, daß wirklich jede Blütenfarbe unmittelbar ein Ausleseprodukt ist — und die bunte Mannigfaltigkeit auf einer blumigen Wiese zeigt schon zur Genüge, daß es so und auch anders geht, daß die Natur wohl hie und da sich der Auslese bedienend doch niemals sich solchen engherzigen Regeln unterwirft. Selbst wenn aber die Auslese der Faktor bei der Bildung der Blütenfarbe wäre (nach der neuesten Veröffentlichung W. Zimmermanns, Vererbung „erworbener Eigenschaften" und Auslese, Jena 1938, könnte man tatsächlich glauben, daß die Botanik keine andere Lösungsmöglichkeit sehen kann), dann wäre damit der Urgrund des Phänomens überhaupt nicht einmal gestreift, geschweige erklärt. Denn Voraussetzung für die Auslese ist doch die variierende (mutierende) Mannigfaltigkeit. Weshalb stellt nun die wahllos produzierende Natur nicht einmal schwarze Blüten her und läßt diese ausmerzen, warum erscheinen Blüten hauptsächlich in den reinen Farben Rot, Rosa, Purpur, Weiß, Blau, Violett und Gelb, weshalb nicht in Braun, weshalb von vornherein in so großer und doch bestimmter Auswahl? Sind die Blüten wirklich nur „Schauapparat", wie man auf der Universität verwundert vernahm? Auch wenn sie nur in zwei Farben erschienen, wäre eine Auslese durch die bestäubenden Insekten, die eben danach eingerichtet sind, möglich. Jede Annahme einer Herauszüchtung der Blütenfarben durch die bestäubenden Insekten setzt einen abstrakten und nie verwirklichten Ausgangspunkt voraus, etwa eine ursprüngliche farblose oder doch grüne Blüte. Dann hätten sich — phylogenetisch gedacht — die Insekten parallel mit der Blütenfarbenentfaltung ausbilden müssen, um immer mit den neuen Mutanten Schritt halten zu können. Diese Parallelentwicklung zweier eigentlich gar nicht verwandter Organismen wäre an sich schon erstaunlich und sinnvoll genug, einer kausalmechanischen Erklärung nicht zugänglich. Aber mit den bunten Blüten waren auch die Insekten da — und das ist gut so. Wenn auch eine Anpassung der Insekten bzw. der Tiere überhaupt an die Blüten unverkennbar ist und zweifellos vorkommt, so sind doch wenigstens in einem höheren Plane beide Teile wie Organe in einem Organismus immer nur als Ganzheit da gewesen und denkmöglich. Dies im einzelnen auszuführen darf ich mir ersparen, da ich in meinem Buch „Harmonie und Rhythmus in Natur und

Kunst" hierauf näher eingegangen bin und die gleichen Probleme für einen weiteren Leserkreis auch in meinem Bändchen „Lebenskreise" (Franckh 1938) volkstümlich dargestellt habe. Zudem sei noch bemerkt, daß die feinen und wundersamen Blütenzeichnungen[1]) von den Insekten wegen ihres Augenbaus überhaupt nicht so bis ins einzelne erkannt werden können, daß hier eine Auslese hätte stattfinden können und daß weiterhin die Mannigfaltigkeit der Blütenfarbe in keiner Weise dem ziemlich primitiven Farbensinn der bestäubenden Insekten entsprechen kann. Selbstverständlich spielt für die Bestäuber gerade die Farbe *ihrer* Blüte eine besondere Rolle, aber das ist bei der sonstigen Anpassung jener Insekten an die Blütenbestäubung ja nur selbstverständlich. So vermögen Wollschweber (Fliegen), die die blauen Muskariblüten besuchen, gerade im Blauen feine Unterschiede zu machen und Hellblau von Dunkelblau und Violett zu unterscheiden. Unter den Schmetterlingen bevorzugen die Pfauenaugenverwandten Gelb und auch Blau, Weißlinge und Segelfalter vermögen Rot, Gelb, Blau und Violett und besonders auch Purpur zu erkennen; den nächtlichen Schwärmern hingegen erscheint das Rot wahrscheinlich schwarz, Orange — Gelb — Grün gilt ihnen als *eine* Farbe, Blau und Violett ist der entsprechende Gegeneindruck. Bienen sind rotblind; zwischen den Wellenlängen 650 und 500 mμ können sie eine Farbe, ihr Gelb, wahrnehmen, während das Bienengrün bei 500—480 mμ liegt, das Bienenblau die Skala 480—400 mμ umfaßt, also schon unser Violett mit einschließt. Dafür reicht der Farbensinn noch ins Ultraviolette hinein, nämlich von 400—300 mμ. (Diese Dinge haben besonders *A. Kühn* und *K. v. Frisch* untersucht, mittels sehr eleganter Dressurmethoden, so daß die Ergebnisse vollkommen gesichert sind.) *M. Hertz*[2]) nimmt an, daß die Bienen Blüten, die wir weiß nennen würden, zum Teil wohl farbig (ultraviolett) sehen

[1]) Chr. K. *Sprengel* erblickte in den Blütenzeichnungen Wegweiser für die honigsuchenden Gäste. Jedoch hat sich gegen diese Auffassung schon *Kraepelin* gewehrt, der zwar zugibt, daß die Unregelmäßigkeit der Färbung das Auffinden der Anflugstelle erleichtern kann, daß aber für die Erreichung des Nektars die Saftmale nur eine geringe Rolle spielen. — Wie oft brechen außerdem z. B. Hummeln von der Seite in die Blüte ein!

[2]) Zeitschr. für vergl. Physiol. 25, 1937.

und daß für die Bienen das Ultraviolett wie für uns das Rot erscheint, weil nämlich die Gegenfarbe zum Bienen-Ultraviolett Blaugrün ist. So werden also die Bienen auch nicht mehr Farbeneindrücke haben als wir, im Gegenteil weniger, und es ist überhaupt anzunehmen, daß alle Tiere, die Ultraviolett wahrnehmen, dies in einer uns ebenfalls geläufigen Tönung sehen, meist wohl gerade der, die sonst bei ihnen fehlt. Das läßt sich schon daraus schließen, weil sich bei allen bisher untersuchten Arten zeigt, daß sich der Farbenkreis irgendwie geschlossen darstellt (worauf noch nicht geachtet wurde). Denn selbst bei den Schwärmern umfassen ja die beiden Wahrnehmungen den ganzen Farbenkreis. (Fische sehen Wellenlängen von ca. 370 mμ ebenso rot wie solche von 710—750 mμ, so daß auch hier der Farbenkreis geschlossen ist.)

Nehmen wir an, daß die uns weiß erscheinenden Blüten häufig ultraviolette Strahlen zurückwerfen, so könnte diese Wirkung wohl für manche Tiere auch chemisch spürbar sein, denn wir wissen ja, daß kurzwellige Strahlen chemisch recht aktiv sind. Vielleicht darf man vermuten, daß mittelbar mit dieser chemischen Wirkung auch die Tatsache zusammenhängt, daß gerade die weißen Blüten prozentual am häufigsten stark duften (F. J. Köhler, Tübingen 1831[1]). Der Geruch der Blüten ist im übrigen genau wie die Farbe auf nichtpflanzliche Wesen abgestimmt, weshalb man aber nicht wie üblich folgern darf, daß der Geruch nun bloß den Tieren zuliebe da ist und um diese anzulocken so verschieden ausgebildet wurde (der insektenumschwärmte Wein duftet nicht!). Die Duftwirkung allerdings kann sich im Tierreich auswirken und zur Geltung kommen, im Menschen aber kann dieser („sinnlich-sittlich") bewußt werden, weshalb der Geruch sozusagen auch für den Menschen da sein dürfte! Der Duft gehört zum Wesen der Pflanze und ist im letzten Grunde für sich selbst da, wie sich auch die Blütenform um ihrer selbst willen offenbart. Die mögliche Nutznießung für die Insekten ist mehr sekundär, freilich auch eine Erscheinung, die — metaphysisch gesehen — in den gemeinsamen Plan von vornherein mit „eingerechnet" sein muß.

Leider fehlt uns die Möglichkeit, auszudrücken, inwiefern der Geruch einer Pflanze harmonisch zu ihrer Gestalt und vor allem Farbe paßt; wir können das mehr ahnen und fühlen.

Wollen wir überhaupt von einer Erklärung der Blütenfarben sprechen, so kann diese, weil sie im üblichen naturwissenschaftlichen Sinn eben nicht ganz faßbar ist, nur auf künstlerischem Gebiet liegen, denn es handelt sich ja bei der Betrach-

[1]) Schon H. Steffens (l. c.) erwähnt, daß „bescheidener" gefärbte Blüten „an Stelle" der Farbenpracht mehr duften. Er weist dabei auch darauf hin, daß ja anspruchslos gefärbte Vögel häufig „dafür" schön singen.

tung der Natur als Schöpferin (Mannigfaltigkeit!) letztlich um ein künstlerisches Problem. Diese etwas ungewöhnte und bei Wissenschaftlern meist geradezu verhaßte Betrachtungsweise kann allerdings nicht mit Beweisen im üblichen Sinne dienen, denn hier handelt es sich überhaupt nicht um kausalmechanisch greifbare Angelegenheiten. Aber es ist in der Natur zwar viel, doch nicht alles und gerade nicht das Erste und Letzte technisch, somit einer mechanistischen Deutung zugänglich. Die tieferen Gesetze von Form- und Farbgestaltung sind nur künstlerisch als Näherungsgesetze zu fassen. Gerade dort, wo etwa eine Zweckmäßigkeitserklärung schwierig oder überhaupt nicht angängig ist, zeigt sich uns das Walten der künstlerischen Naturgesetze reiner denn je. Die an sich zwecklose Urform eines Säugetieres tritt z. B. fast nirgends rein zutage, weil die Natur immer Anpassungsspezialisationen verwirklichte. Wo aber, wie bei den Kieselalgen, den Blütenformen, den Verzweigungsgesetzen der Pflanzen, den Blattgestalten usw., ein Zweck zwar vorhanden, aber nicht entwicklungsbedingend auftritt, kann sich uns die reine Idee künden. Eine Idee aber ist mechanistischen Erklärungen grundsätzlich nicht zugängig. Freilich leugnen viele, daß den Naturgebilden Ideen zugrunde liegen. Man kann diesen Menschen, denen anscheinend ein Organ fehlt, das andere eben haben, mit ihren allein anerkannten Methoden die Ideen nun aber wirklich nicht beweisen. Den Geist (wenn ein solcher nicht bloß Gehirnfunktion ist!) verweisen sie in die Ästhetik, Metaphysik und Morallehre, verbannen ihn aber aus der Natur und halten ihn höchstens für außerhalb dieser stehend, von wo er aber die Natur nicht beeinflussen kann.

Dies mußte vorausgestellt werden, um die folgenden Betrachtungen zu begründen, die nun einmal behandeln müssen, wie die Blütenfarben künstlerisch aufzufassen sind und ob sich hier das Wesen des Farbigen rein aussprechen kann, ohne durch Sonderanpassungen oder andere naturtechnisch notwendige Abwandlungen getrübt zu sein.

Am Werdegang einer Pflanze sahen wir, daß sie vom Grau des Erdinneren (vgl. Farbenfigur 6) aufsteigt. Je lichtloser und schwärzer dieses Erdinnere ist, desto weißer wird im Einklang mit dem Bestreben, die Lichtesganzheit zu erfüllen, der unterirdische Pflanzenteil, bis er sich im Braun oder Grau des Stengels harmonisch ausschwingt. Aus dem Grauen entwickelt sich am Licht das Grüne, das, endlich ins Rote gesteigert, den Gegensatz zwischen Leben und Tod erahnen ließ und nun wieder über das Braun zur grauen Erde sinkt. Dies ist der Rahmen des Pflanzenlebens. Er ist einseitig nach der Lichtseite unserer Farbenfigur 5 hin orientiert (grün!), denn das aus der Finsternis und den inneren Kräften herausentwickelte Purpur spielt hier keine Rolle[1]). Diese Einseitigkeit ist aber nur zu verstehen durch den natürlichen Gegensatz, den das mit dem Pflanzenreich organisch verbundene Tierreich bildet. Hier stellt sich Purpur als von innen wirkende Kraft oft deutlich genug dem schauenden Blick dar, wie wir noch hören werden. — Wir müssen demnach die Ganzheit der pflanzlichen Farbenerscheinung von vornherein auf der Lichtseite des Kreises suchen und sie vom Grün aus (Grünspektrum Goethes!) entwickeln. Es wäre somit die ideale harmonische Erfüllung im Erreichen des Weißen zu sehen, da ja Grau die Mitte zwischen Licht und Finsternis hält und wir uns nach dem Licht hin orientieren müssen. Auf die Erfüllung des Weißen deutet schon die Tatsache hin, daß fast alle Blütenfarben in den Lichtfarben und nicht in den Brauntönen erscheinen, in unserer Figur 6 also fast ausschließlich die äußersten Fünfecke mit den Grundfarben und primären Mischungen einnehmen. Sehr interessant ist nun, daß wir bei den Blütenfarbenzusammenstellungen immer harmonische Verhältnisse verwirklicht finden, mag es sich dabei um Zweiklänge oder Dreiklänge in dem auf S. 72 erörterten Sinne handeln. Man kann sich als „Faustregel"

[1]) In diesem Zusammenhang ist wohl bedeutsam die schmutzige (Purpur-) Farbe mancher auch für den tierischen Körper wirkenden (Wirkung im Inneren!) Giftpflanzen, so des Bilsenkrautes und der Tollkirschenblüte. Auch der Fingerhut gehört hierher, der, wie die beiden anderen Giftpflanzen, auch eine seltsame Kleinmusterung aufweist, die wir sonst nur im Tierreich gewohnt sind.

Die Pilze, die soviel Parallelen zum Tierreich aufweisen (S. 108), haben ebenfalls graugetrübte, mehr im Tierreich heimische Farben: Grauviolett, Braun, Grünlichgrau, Schwarzviolett, Ledergelb usw. — kommen als Blütenfarben kaum vor. Der Pilzfruchtkörper (der eigentliche „Pilz") verleugnet eben nie seine Herkunft aus der Erde und kann sich — da er sich nicht mit Hilfe von Chlorophyll, sondern säftesaugend ernährt — nie zum Licht „bekennen".

geradezu merken, daß die Wahrscheinlichkeit bei einer blauvioletten Blüte groß ist, daß irgendwo an ihr, vielleicht am Stempel oder an den Staubbeuteln, die gelbe Gegenfarbe auftreten wird (Wiesenstorchschnabel, Akelei, Rittersporn, Aster z. B.). Bei roten Blüten hingegen vermissen wir meist das „dazugehörige" Grün in der Blüte selber; dieses ist dafür ja im Laubwerk gegeben. Rot ist gern Alleinherrscher, verbindet sich aber außer mit Weiß auch gern mit Gelb. Dadurch erhalten wir einseitige Farbakkorde, die eines gewissen heiteren und warmen Charakters nicht entbehren. Hierher gehören Primeln, Türkenbund, Clivien, Begonien und tausenderlei andere Blumen. Dieses warme Rot ist der natürliche Gegenpol zum Grün der Blätter, gewissermaßen diejenige Blütenfarbe, in der die „Freude" des Lebens und aktiven Treibens am reinsten zum Ausdruck kommt. — In vielen, ja in den meisten Fällen verrät sich aber auch eine Beziehung der Blütenfarbe zur Blütenform, eine Beziehung, die nicht zwecktheoretisch oder überhaupt kausalgesetzlich im mechanistischen Sinne zu erklären ist, sondern die tiefinnerlich, künstlerisch ist. Die Mehrzahl der roten Blüten ist groß und breitflächig oder vordrängend. Rosen-, Mohn- und Tulpenblüten, die im ganzen groß wirkenden Köpfe der Geranien, die Feuerlilie, die seltsame Flamingoblume — sie alle (um nur ein paar Bekannte herauszugreifen) sind nicht kelchzipfelförmig oder sternförmig, sondern auffallend und groß. Natürlich gibt es neben rosaroten Rosen auch gelbe und weiße, aber wir haben hier einmal nur die Wildformen und andermal da nur wieder die charakteristischste Farbe im Auge. Mögen auch die winzigen roten Blüten (die allerdings dann oft durch ihre Zahl innerhalb eines Blütenstandes beeindrucken) hier das Betonen einer Gesetzmäßigkeit verbieten, so kann es doch schon weniger zweifelhaft sein, daß sich die gelbe Farbe vorwiegend auf strahligen Blüten einfindet, was nicht ausschließt, daß auch gelegentlich Glocken- oder Schiffchenblüten gelb sind, die sonst bei der Mehrzahl ihrer Verwandten (Enziane, Veilchen, verschiedene Schmetterlingsblütler) blau oder violett getönt sind. Alle die vielen zu den Körbchenblütlern rechnenden Pflanzen wie Löwenzahn, Habichtskraut, Gemswurz, Bocksbart, Lattich, Sonnenblume usw. gleichen kleinen strahlenden gelben Sonnen, und viele davon, wie Gänseblümchen und Marguerite, haben nur eine gelbe Mitte (die Röhrchenblüten) und weiße Strahlen, eine Tatsache, die den eigentümlichen Charakter des Gelben, das Ausstrahlen zum Licht, gleichsam symbolisch andeutet. Es mag oberflächlich erscheinen, wenn wir bei den Körbchenblütlern (Compositae) überhaupt von einer Blüte oder einem Blütenstern reden, denn in Wirklichkeit sind ja die scheinbaren Kronenblätter selbständige Blüten, genauso wie die im Inneren des Blütenkörbchens stehenden Röhrenblüten, die scheinbar die Staubgefäße vorstellen. Wir müßten also eigentlich hier die gelben Blüten sämtlich zu den nichtstrahligen dorsiventralen oder zygomorphen Blüten rechnen und ihre Verwachsenblättrigkeit betonen, weshalb ja auch systematisch die Körbchenblütler zu den Verwachsenblättrigen gezählt werden, wohin alle Pflanzen mit Lippenblüten, Schiffchenblüten, Kelchblüten usf. gehören, also etwa der Salbei und die Glockenblume. Aber erscheinungsmäßig stehen die Körbchenblütler doch den Freikronblättrigen viel näher, etwa den Hahnenfußarten, Rosengewächsen und Kreuzblütlern. Sehr aufschlußreich sind nun in dieser Hinsicht die Untersuchungen Wilhelm Trolls[1]), aus denen eindeutig hervorgeht, daß die Verwachsenblättrigen, soweit man wenigstens die den Kompositen systematisch verwandten Dipsakazeen, Lippenblütler (Labiaten) und Braunwurzgewächse (Scrophulariazeen) — also dorsiventrale Blüten — berücksichtigt, größtenteils nicht gelb oder weiß, sondern rot, violett und besonders blau blühen. Die Kompositen aber, die doch in diese Verwandtschaft gehören, verhalten sich in bezug auf die Blütenfarbe viel mehr wie die Getrenntblättrigen, etwa die Rosazeen, Hahnenfußgewächse und Kreuzblütler oder auch Umbelliferen (Schirmblütler wie Schierling, Möhre) usw. Im einzelnen seien folgende Belege aus Trolls umfassenden Untersuchungen angeführt:

Man sollte erwarten, daß die bei den Scrophulariazeen und Labiaten vorherrschende Blütenfarbe auch den Randblüten der Kompositen, die ja mit jenen Familien verwandt sind, eignen. Bei Lippenblütlern und Braunwurzgewächsen überwiegt aber nach statistischen Erhebungen die blau und rote Gruppe bei weitem. Beide Familien zusammengenommen ergeben für die Gelb-Weiß-Gruppe 32,3% für die Rot-Blau-Gruppe 60,3% (wobei Violett am häufig-

[1]) Organisation und Gestalt im Bereich der Blüte, Berlin 1928. S. 243 ff.

sten ist). — Bei den Getrenntblättrigen (Choripetalen), unter denen wir Ranunculazeen, Rosazeen und Cruciferen berücksichtigen (Umbelliferen sind ja fast alle weiß), liegen die Verhältnisse typisch anders. Im ganzen genommen findet Troll für die Gelb-Weiß-Gruppe 80,7% und für die Rot-Blau-Gruppe 16,9%. Hier herrschen also gerade umgekehrte Verhältnisse. Die Kompositen richten sich demnach nicht nach der Verwandtschaft (die nahestehenden Dipsakazeen sind meist violettblütig, wie es für dorsiventrale Blüten kennzeichnend ist), sondern sie richten sich nach dem Erscheinungsbild, das sich ja eher mit den Choripetalen als Sympetalen (Verwachsenblättrigen) vergleichen läßt. Es sind nämlich die Kompositenstrahlenblüten zu 89,1% der Arten weiß oder gelb, während nur 10,9% auf die Rot-Blau-Gruppe entfallen (s. Tabelle nach Troll).

	Gelb-Weiß	Rot-Blau
Choripetalae	80,7%	16,9%
Sympetalae	32,3%	60,3%
Compositae	89,1%	10,9%

Es bedarf keiner Begründung, daß diese Form-Farbebeziehungen nicht aus dem Verhältnis der Pflanze zu ihrem Insektenbestäuber erklärt werden können, denn diese Verhältnisse sind ja überall die gleichen[1]). Es muß sich hier vielmehr um große innere Formgesetze handeln, die einer mechanistisch-selektiven Erklärung unzugänglich sind und bleiben. Wir können diese wunderbaren und zarten Beziehungen nur aus dem Wesen der Farbe selber erklären, die sich hier in der Blüte Ausdruck verschaffte. Dabei darf man vielleicht sagen, daß das Gelbe und Weiße mehr nach einer Offenbarung in der Fläche strebt, aus der es (besonders das Gelb) ausstrahlen kann, während das Blau und Violett gerade für die Blüten bezeichnend ist (Lippenblüte, Schmetterlingsblüte, Glockenblüte), die irgendwie komplizierte Innenstrukturen aufweisen und das bestäubende Insekt gleichsam in ein winkliges Schloß führen, wo seltsame Türen und Gänge zu sehen sind. Es weist dieses Blau auch hier seinem Charakter entsprechend nach „hinten", ins Innere, besonders wenn es düster oder violettblau erscheint;

[1]) Daß gelb-weiße Blüten vorwiegend von kurzrüsseligen Insekten (Fliegen) besucht, während die blau-roten mehr von Hautflüglern aufgesucht werden, liegt natürlich auch am Blütenbau, und Blütenfarbe und Bestäuber sind aufeinander zugeschnitten. Indessen gibt diese Anpassung keine Erklärung des Phänomens, bei dem doch die Grundgesetze offenbar werden, sondern sie ist mehr sekundärer Natur.

helles Blau ist ja auch sehr gut flächig denkbar, wie beim Vergißmeinnicht oder auf ausgesprochenen Riesenblüten. Häufig wird das Blau durch Gelb oder Weiß ersetzt; man beobachtet dann aber mitunter, wie das Blau mehr den Rand einnimmt, während beim Gelb vor allem die Mitte intensiver gefärbt ist, während die Außenteile der Blüte heller (oder weiß) sind (vgl. Bocksbart, Löwenzahn, Marguerite und demgegenüber Strandaster, Dreifarbige Ackerwinde usw.). Dies sind Verhältnisse, die — weit davon entfernt, kausalgesetzlich notwendig zu sein — daran erinnern, daß auch der Maler das Gelb am besten so malt, daß es sich nach außen verstrahlt („Heiligenschein"), während er das Blau — großflächig aufgetragen — rundlich dunkler werden läßt, damit es sich besser in die Ferne dehnen kann. Der empfindsame Künstler wird diesen den Farben innewohnenden Gesetzen stets seine Aufmerksamkeit schenken und kann hier beim Studium der Natur viel lernen. Das Rot, das — wie wir sahen — die Rundfülle und Größe einer Blüte oft noch unterstreicht, kann auch gewisse Blütenteile noch besonders betonen und aus der Verborgenheit des Schlundes reißen, so etwa die Fortpflanzungsorgane, auf die manchmal geradezu rote Wegzeichen hinweisen (Balsamine, Leinkraut). Daß dies alles keine unbedingt notwendigen Gesetze sind, sondern nur mehr künstlerisch wertvolle Entdeckungen, zeigt schon die Möglichkeit, daß uns Dahlien, Rosen, Wicken usw. in allen Farben (sie durchlaufen ja fast den ganzen Farbenkreis) gefallen können. Wir müssen immer bedenken, daß die Blütenfarben der Pflanzen für das Fortbestehen der Art im allgemeinen ziemlich gleichgültig sind, weshalb aber gerade die schöpferische Mannigfaltigkeit sich mehr als anderswo offenbaren kann. Die Aussicht, gerade hier „künstlerische" Gesetzmäßigkeiten zu finden, ist deswegen um so größer.

Nun müßte man aber, um sich überhaupt ein Urteil über die farbigen Gesetze der Blüten erlauben zu dürfen, die Pflanzen auch innerhalb ihrer farbenfrohen Gemeinschaft und im Wechsel der Landschaft und der Jahreszeit als Ganzes betrachten. Denn in der Natur walten immer übergeordnete Gesichtspunkte, denen sich das einzelne fügen muß. So wird uns mancher Widerspruch und manche scheinbare Regellosigkeit klar, wenn wir uns überlegen, in welchem Lebensraum und in welcher Gesellschaft diese oder jene Pflanze steht. Man bemerkt dann nicht selten, wie sich der bunte Blumenflor zu einem farbig harmonischen Ganzen zusammensetzt. Dabei brauchen wir nicht einmal an die so einseitig angepaßten Steppen- oder Sumpfpflanzen zu denken, sondern können die Blütenfarben in den Bergen, am Strand, auf der Waldblöße, im Gebüsch, auf der Wiese usw. untersuchen. So gibt es z. B. unter den für den Meeresstrand charakteristischen Pflanzen so gut wie keine mit prangend roten Blüten. Wohl kommen rosablühende Arten oder auch kleinblumige rötliche oder purpurne Formen vor, aber überwiegend herrschen doch die gelben Blüten, dann kommen die weißen und blauen sowie violetten. In den Alpen und in den asiatischen Hochgebirgen dagegen finden wir auffallend viel rote Blüten und auch manche in der Ebene gelbblühende Pflanze neigt im Gebirge zum Rot hin, wo überhaupt eine Farbenfreudigkeit herrscht, die nur durch die stärkere Sonnenbestrahlung und die klimatischen Verhältnisse erklärt werden kann. In der Nebelregion der Gebirge Westjavas ist Weiß die herrschende Blütenfarbe, wogegen in der Regenzone viel bunte Blüten blühen. Im windumbrausten andinen Hochgebirge überwiegt Gelb über Blau und Rot. — Der Zusammenhang der Blütenfarbe mit der Sonnenstärke läßt sich im erwachenden Frühjahr bei uns vermuten: die eigentlichen Schneeblüher (Schneeglöckchen, Nieswurz) sind weiß, dann erscheinen die gelben und blauen Blüten der Krokusse, Szillen, Veilchen, Leberblümchen, Goldsterne usw., während sich das Rot im zeitigen Frühjahr nur im Purpur des Seidelbastes und der gefleckten Taubnessel, im schüchternen Rot der Pestwurz und in rötlichen Übertünchungen weißer Blüten (Windröschen) ankündigt. Erst im Sommer gelangen die feuerroten Blüten voll zur Entfaltung. Stellt man die Blühmonate mit den Blühfarben zusammen, so erhält man ganz eindrucksvolle statistische Bestätigungen des hier Gesagten. Nach neusten Versuchen R. Harders[1]) wirken Temperatur und Lichtintensität bei der Blütenfärbung und Musterbildung zusammen. Eine Dahlia variabilis entwickelte im Freiland gelbe, im Gewächshaus rote Blüten. Auch sonst ist (außer bei Primula

[1]) Die Naturwissenschaften 1938, 26. Jg. S. 713—722.

sinensis) oft bei höherer Temperatur eine Farbstoffzunahme nachgewiesen, während die Steigerung der Lichtintensität die Farbareale beschränkt und Weiß den Vorzug gibt.

Immer jedenfalls sprechen sich in den Blüten die Farben aus, und im einzelnen wie in der Gemeinschaft herrscht eine ganz bestimmte Farbenharmonie, so daß wir die Blütenfarben niemals als Zwangsprodukte einer Ausleseearbeit oder als belangloses Aushängeschild erklären können werden. Stets bedeuten sie vielmehr den festlichen Glanz des Lebens, der im Blau, Gelb und Rot vor allem zum Ausdruck kommt; sie gehen damit hinaus über die organische Notwendigkeit der grünen Lichtfarbe der meisten Pflanzen oder die erdgrauen und fahlen Farben der vom Licht abgewandten Teile. Im Blütenschmuck offenbart das Licht sein Geheimnis, es tritt aus der Gleichgültigkeit heraus und will sprechen. Dem farbigen Wesen gemäß steigern sich die Farben im Sinne des Farbenkreises, und sie ergänzen sich in seinem Sinn. Immer erscheinen sie organisch, selbst wachsend und vergehend, sich befehdend und versöhnend, im gleichen Rhythmus mit dem Pflanzenleben — symbolisiert durchs Pentagramm ...

Das Tierreich.

Gegenüber der Pflanze, die sich dem Licht hingibt und die ihren Stoffaufbau dem Lichte verdankt, die also ganz nach außen hin lebt und sich nach außen entfaltet, die grundsätzlich abschlußlos in die Höhe wächst, schließt sich das Tier nach außen ab und strebt schon im Lauf seiner Entwicklung vom Ei ab nach einer reichen inneren Gliederung, die bei den Würmern und allen höheren Wirbellosen sowie bei den Wirbeltieren streng gesetzmäßig verläuft. Es handelt sich hier nicht um ein Sich-in-die-Zeit-Ergießen, sondern das Tier kennt, wenigstens in seiner typischen Ausprägung, eine Wachstumsgrenze und in gewissem Sinne sogar eine feste lebensnotwendige Gestalt. Insofern faßt das Tier die Weise des Organischen, die rein im Pflanzlichen zum Ausdruck kommt, und die Weise des Anorganischen zusammen.

Da die Ernährung des Tieres nie unmittelbar aus dem Reich des Anorganischen erfolgt, weil ihm die Fähigkeit der

Photosynthese der Lebensstoffe aus Kohlensäure und Wasser am Sonnenlicht fehlt, ist es leicht einzusehen, daß den Tieren keine bestimmte Lebensfarbe zukommt wie den Pflanzen das Grün des Chlorophylls. Betrachtet man nur die höher entwickelten Tiere als die „eigentlichen" und „tierischsten" Tiere, so könnte diesem Chlorophyll nur gegenübergestellt werden das Blut bzw. der rote Blutfarbstoff, das Hämoglobin. Denn das ist eine nur Tieren zukommende und dort lebenswichtige Flüssigkeit, die den Gas- und Stoffaustausch besorgt und die reiche innere Gliederung überhaupt erst ermöglicht. Nicht immer freilich ist das Blut rot, denn gerade bei den niederen Tieren und besonders noch bei den meisten Insekten stellt das Blut die allgemeine, auch die Lymphe umfassende Körperflüssigkeit dar, die als solche farblos und in seltenen Fällen (z. B. bei einigen Weichtieren) auch blau (kupferhaltig!) ist. Alle Tiere aber, in denen die Tiergestalt klarer zum Ausdruck kommt (Wirbeltiere), besitzen Blut, das nach Aufnahme von Sauerstoff heller, röter, nach Abgabe dieses und bei Anreicherung von Kohlendioxyd aber dunkler, rotvioletter, aussieht. Man darf mit Recht behaupten, die Durchschnittsfarbe des Blutes sei dementsprechend purpurrot. (Blut im Mikroskop zeigt die einzelnen Blutkörperchen hell gelblich; nur die Masse der Blutzellen verursacht die rote Farbe. Das Hämoglobinspektrum zeigt Absorptionslinien im Grünen, emittiert also rotes Licht, im Gegensatz zum Chlorophyll, bei dem dies umgekehrt ist.)

Erkennt man nun das Blut als typisch und lebenswichtig für das Tier an, dann wird man beim Vergleich mit dem Chlorophyll als dem Lebensstoff der Pflanzen sich daran erinnern, daß der rote Blutfarbstoff fast die gleiche chemische Zusammensetzung wie das Blattgrün hat, nur steht an Stelle des Magnesiums das Schwermetall Eisen da[1]). Dieses ist für

[1]) F. Kipp (Über den Wesensunterschied von Pflanze und Tier, „Erziehungskunst" H. 4/5, 1936) weist darauf hin, daß das Eisen als typisches Schwermetall im Erdinneren vornehmlich vorkommt und — wie das Blut — von da aus bis an die Oberflächenschichten dringt, wo es in Verbindung mit dem Sauerstoff braune bis rote Eisenoxyde bildet. Wie im Blut ist auch im „geochemischen" Verhalten der Sauerstoff nur lose ans Eisen gebunden. Im Gegensatz zum im Erdinneren wirkenden Eisen tritt das Magnesium nur im äußeren Gesteinsmaterial der Erde zum Vorschein. In seinem

die Sauerstoffbindung von ausschlaggebender Wichtigkeit und erweist sich für die Atmung als bedeutend leistungsfähiger als das Kupfer. Eisen ist also der ideale metallische Bestandteil des Blutfarbstoffes (der als solcher übrigens durchaus nicht immer an Blutzellen gebunden zu sein braucht, sondern auch gelöst im Blut vorkommt).

Es ist nun im Sinne des Farbenwesens äußerst bezeichnend, daß das rote Blut im Inneren wirkt, womöglich noch eingeschlossen in ein System von Röhren oder Kanälen (das Blutgefäßsystem), während sich das Chlorophyll immer nur in den Außenschichten des Pflanzenkörpers findet und sich selbst — durch Drehung des Chloroplasten — immer in bestimmter Weise zum Licht einstellt, ja überhaupt erst am Licht entsteht, was für den Blutfarbstoff nicht zutrifft. Der Bezug des Purpur als Blutfarbe zur Finsternis ist also hier ebenso wie beim Sehpurpur, der sich nur im Dunkeln bilden kann, gegeben.

---

chemischen Verhalten legt es die Beziehung zum Licht nahe, denn es verbrennt ja mit außerordentlich heller (Blitzlicht!) Flamme. Und dadurch, daß es auch im Kohlensäuregas zu verbrennen vermag, erinnert es an die Assimilationsvorgänge im Chlorophyll. „Wie beim Eisen", schreibt Kipp, „kommen wir auch hier zu der Feststellung, daß die in den Lebensvorgängen so wichtigen Stoffe schon in ihrem Verhalten in ihrer äußeren Natur dazu wie prädestiniert erscheinen." Kipp geht sogar so weit, daß er auch die Tatsache, daß Magnesiumgestein formal und farbig an Pflanzen gemahnen kann, als eine Wesensverwandtschaft deutet. „Wo eine eigentliche Färbung bei den Magnesiumgesteinen auftritt, ist sie pflanzenähnlich grün (Strahlstein, Chlorit, Serpentin, Talk, Olivin, Periklas u. a.), wie die Farbe der eisenhaltigen Gesteine mehr oder weniger zum Rot neigt." — Freilich erscheinen solche Annahmen ziemlich weit hergeholt, aber „man muß sich hier zu der Anschauung aufschwingen können, daß die unbelebte Stoffeswelt aus einem mehr lebendigen Zustand hervorgegangen ist. Dann sieht man", schreibt Kipp weiter, „in den angeführten Beziehungen nicht nur äußere Analogien, die sich zufällig so darstellen, sondern man ahnt aus der entsprechenden Eingliederung der Stoffe in die Erde und die Lebensbereiche etwas von ihrer wirklichen ‚Urzeugung' ... In ihrer Vereinzelung scheinbar zufällige Züge der belebten und toten Reiche schließen sich zusammen und lassen ein Stück eines großen Bauplans erkennen, der durch das Weltwerden geht."

Der Kausal- und Zweckforscher — möchten wir hinzusetzen — wird diese mehr künstlerische Naturdeutung freilich nicht wissenschaftlich nennen können, er muß aber dafür auch verzichten, jene Beziehungen oder doch wenigstens jene uns beziehungsvoll erscheinenden Tatsachen ganzheitlich zu erklären. Er sieht weniger in der Natur als ein anderer — und nicht immer kann das ein Vorteil sein.

Nur wird das Blut eben in seiner **Tätigkeit** (nicht passiven Einstellung!) selber **rot** und erweist sich somit als aktiv, oder es wird mehr violett und deutet damit seinen passiven Charakter an. Rot ist aber immer die Farbe des tätigen Lebens, und mit der Einschränkung, daß wir nur ausgesprochene Tiertypen und ausgesprochene Pflanzentypen (also höhere, d. h. stammesgeschichtlich reinere, entmischtere Formen) betrachten dürfen, kann man das **Rot als die Farbe der Tiere** dem **Grün als der Farbe der Pflanzen** gegenüberstellen. Diese polare Gegenstellung drückt sich ja auch sonst im Wesen von Tier und Pflanze aus, die zusammen erst das Lebensreich harmonisch erfüllen, indem eins auf das andere angewiesen (Autotrophie — Heterotrophie![1]) ist. Freilich gilt zu beachten, daß das Rot im Tierreich nicht die **unbedingte** Rolle spielt wie das Grün im Pflanzenreich, das ja als Bild des Lebens im Stofflichen auch einen mehr lebensnotwendigen Charakter aufweist. Beim Tier tritt nun eben noch das **seelische** Moment hinzu, während bei der Pflanze allein das **Leben** als solches im Grünen abgebildet wurde. Purpur als Bild des Seelischen steht Grün als Bild des Lebens gegenüber, im Roten regt sich die Seele bis zur Triebhaftigkeit, die ja der begierdelosen Pflanze an sich fremd ist, der Pflanze, die auch nur in ihren der Fortpflanzung dienenden Blüten einen größeren Farbenreichtum aufweist.

Entwickelt die Pflanze ihre Farben hauptsächlich vom Lichten aus, vom Grünen über das Gelbe und Blaue zum Roten oder vom Grünen direkt zum Weißen (Lichterfüllung!), so tritt beim Tier sozusagen als Ausgangspunkt sehr häufig das Dunkle, also auch im Bild des **Schwarzen** auf, von dem aus sich das Purpur oder die Steigerung zum Roten verfolgen läßt. Außerdem ist für die Tiere die **Graumischung** höchst kennzeichnend, und es gibt weit mehr Tiere mit unreinen braunen und grauen Mischfarben als solche mit reinen Spektraltönen. Auch diese Lichtfarben sind dann wieder mehr für diejenigen Tiere kennzeichnend, die ihre Farbe überhaupt erst am

---

[1]) Autotroph heißt, daß sich das Lebewesen unmittelbar aus dem unorganischen Reich aufbauen kann wie die Pflanze, die aus Kohlensäure und Wasser organische Verbindungen herstellt, die nun wieder dem — nächsthöheren — Tierreich (heterotroph) zur Verfügung stehen.

Licht entwickeln, wie Vögel und Schmetterlinge, die etwas Blütenhaftes an sich haben. Die Vogelfedern sind — wie schon Goethe angibt — eher mit der Pflanze zu vergleichen (Ästigkeit!); sie „entspringen als ein Letztes aus der Oberfläche eines Körpers, der noch viel nach außen herzugeben hat", während die Haare der Haut „viel mehr angehören" und „fadenartig und nicht geästet sind". So finden wir tatsächlich in der Feder ganz dieselben Farben wieder wie in der Blüte, und dasselbe läßt sich auch für manche blütenbesuchenden Insekten sagen, deren Farben auch in feinen, ganz auf der Außenfläche stehenden Gebilden (den Schuppen besonders) entstehen und eine starke Abhängigkeit vom Licht zeigen. Bei den Eidechsen zeigen gerade Formen mit einer Flughaut den größten Reichtum an schillernden Farben. Beim Säugetier als dem „Typ" eines Tiers, mit Trieben und aktiver Lebensleistung, ist dagegen eine Farbe kennzeichnend, die wiederum (wie das Blutrot) nach innen weist, also zum grauen Mittelpunkt oder zum Schwarz; und alle Farben scheinen mit Grau oder Schwarz gemischt, wenn man an die zahlreichen Brauntöne im Haarkleid der Säugetiere denkt. Im Braunen drückt sich gleichsam immer etwas Erdgebundenes aus, und auch die Mütterlichkeit denken wir uns am besten in einem braunen Kleid versinnbildlicht, sofern es sich um eine irdische Mütterlichkeit (also nicht etwa Marienkult) handelt, wie sie ja unter den Tieren ganz besonders wieder bei den Säugetieren zum Ausdruck kommt. Die Erde (und auch die Bodenständigkeit und Erdtreue, wie sich das in Bauerntrachten und auch heute wieder manchen Uniformen symbolisch richtig empfunden ausdrückt) denkt man sich braun. Im Stoff, der nach dem Schwarzen (durch die Farbenreihen hindurch) zieht, der sich zusammenballen will, aber auch wieder etwas Neues entlassen kann, ruht ein Teil der Entwicklung. Übertragen auf das Buntfarbige entspräche dem Grau als dem Anfang und Ende allen Werdens das Grün oder Blaugrün, vergeistigt als Sinnbild der hehren Mütterlichkeit. Wir werden noch sehen, wie diese Farbe gerade für die Kunst immer wieder Symbol des Mütterlichen ist.

Diese Dinge gelten natürlich nur als ganz allgemeine, hohe Gesichtspunkte des künstlerischen Waltens der Natur. Zusammenfassend dürfen wir immerhin sagen, daß es das

Charakteristische ist, daß die Pflanzen ihre Farben vom Licht aus, und zwar vom ruhenden Buntpunkt des Grünen aus entwickeln, während die Tiere ihre Farben vom Grauen aus bilden und nur in besonders lichtlebigen (meist fliegenden oder schwimmenden) Formen zu reinen Lichtfarben aufsteigen. In der Farbenwelt des Tieres spiegelt sich einmal das Bild der Seele, des Innerlichen, als Urbuntheit Purpur (Sehpurpur, Blut), andermal das Bild des Stofflichen als Urfarbe Schwarz. Wir erinnern uns hierbei an unsere Figur 2 (S. 50) mit den Urfarben und sehen, daß der Pflanze das Grün und das dieses verklärende Weiß (in der Blüte) angehört, dem Tier aber vor allem das Schwarz und das dieses verklärende Purpur.

Nun aber liefern für die tierischen Färbungen keineswegs jene künstlerischen Gesichtspunkte, die nur die wesenhafte Ausdrucksgrundlage für die Tierfärbung darstellen, allein eine Erklärung, sondern auch das, was die Biologie nur zu betrachten gewohnt ist, die Farbausbildung im einzelnen mit der Fragestellung nach dem biologischen Sinn, muß beachtet werden. Stärker als manche Kreise glauben machen wollen, steht heute immer noch die darwinistische Erklärung der Tierfärbung im Vordergrund, und man versucht, so weit es eben geht, mit solchen Gedankengängen die Frage nach dem „Warum" der Farben zu beantworten. Das ist gewiß sehr löblich, denn zweifellos sind viele tierischen Farbausbildungen dieser Art von Fragestellung zugänglich, wenn auch gleich betont werden muß, daß das Ideal, alle diese Fragen eben darwinistisch deuten zu können, ein Irrtum ist. Zweckmäßige Mutanten werden durch natürliche Faktoren, den Kampf ums Dasein, die geschlechtliche Zuchtwahl usw. ausgelesen — dadurch denkt man sich vornehmlich das Heer der wirklich zweckmäßigen Farben entstanden. Hierher gehören die Anpassungs(Schutz)farben und wohl auch die Warn- und Schreckfarben. Man kann heute nicht einfach sagen, daß sich ein Zweck etwa der Schutzfarben für ihren Träger nie sicher nachweisen ließe. Im Gegenteil, es gibt zahlreiche Versuchsergebnisse, die diesen eindeutig beweisen. Selbstverständlich werden trotz der Schutzfarbe viele Insekten von den Feinden doch gefunden und gefressen, aber es braucht sich ja hier nicht um einen unbedingten Schutz zu handeln. Im Krieg gewähren ja die Tarnfarben der Kanonen auch nur einen relativen Schutz, ebenso wie die Gasmasken, und doch wird man darauf nicht verzichten können[1]). Dennoch aber kann die darwinistische Erklärung (wie ich auch in meinem Buch „Harmonie und Rhythmus in Natur und Kunst" ausführte) nie völlig befriedigen, weil sie auf einen abstrakten und unangepaßten Ausgangszustand nicht verzichten kann[2]).

Wir werden im Lauf unserer Betrachtungen auch zu den Anpassungsfarben noch genauer Stellung nehmen können und versuchen zunächst nur, einmal einen Querschnitt durch die Tierfarben zu gewinnen. Einen solchen vermögen uns die Schmetterlinge zu geben. Die Eier sind meist blaßfarbig und verraten nicht selten bereits eine Beziehung zur Umgebung, wie das ja auch von den Vogeleiern her bekannt ist. So ähneln die in Säulchen abgelegten Eier des Landkärtchens täuschend den Blütenknospen der Brennessel. Die Beziehung der Raupenfarbe zur Umgebung ist im allgemeinen aber noch bekannter und in gewissen Fällen geradezu staunenswert. Man denke an die Spannerraupen, die einem Ästchen gleichen und sich auch im „richtigen" Winkel zum Ast als „Ästchen" ansetzen, wodurch sie in der Tat vor allen den Verfolgern sicher sind, die nur auf Bewegung achten, und das sind sehr viele Vögel, z. B. unser Rotkehlchen oder der Graue Fliegenschnäpper. Die Blaumeise hingegen untersucht alles mit dem Schnabel und kann deshalb ebensogut eine Raupe in Schutzstellung erwischen als in Bewegung (s. Steiniger l. c.). Die Färbung vieler Raupen ähnelt den Blättern oder Stengeln der Nährpflanze, aber ganz besonders merkwürdig ist das Vorkommen von „Körperauflösung" (Somatolyse) bei solchen Raupen, die auf dem Bauch dunkel sind, so daß sie, wenn sie vom Bauch her beleuchtet werden, nicht mehr körperlich, sondern flächig erscheinen, wie es das Beispiel der „Gegenschattierung" wohl

[1]) Am einfachsten unterrichtet über die Probleme der Schutz-, Tarn- und Warnfarben das reizende Buch F. Steinigers, Warnen und Tarnen im Tierreich, Berlin-Lichterfelde 1938.

[2]) Vgl. Frieling, H., Über das Rindenmuster der Tiere. Forsch. u. Fortschritte 1938, 2.

deutlich zeigt. So können die Raupen also gestaltlich wie farbig der Umwelt ähneln. Auch die Puppe entspricht weitgehend der Umwelt, wenn man hier auch mehr von einer Knospenhaftigkeit sprechen kann, die ja tatsächlich das Wesen der Puppe ausmacht, aus der sich der Schmetterling blütengleich entfaltet. Der Schmetterlingsflügel selbst erstrahlt häufig in den schönsten Lichtfarben, die ihrerseits wieder genau den harmonischen Gesetzen entsprechen, die wir schon bei den Blütenfarben kennenlernten. So gibt es eine Steigerung von Gelb nach Rot (etwa innerhalb der Heufalter), einen Ausgleich zwischen Blau und Gelb usf., worauf wir hier im einzelnen nicht weiter eingehen können. Nur sei noch erwähnt, daß die Schmetterlingsfarben im Gegensatz zu den Blütenfarben häufig glänzend und schimmernd sind, was einen Vergleich mit den Edelsteinfarben herausfordert und die Gebundenheit des scheinbar ganz lichtfrohen Falters an den Erdboden in einer sozusagen verklärten Weise versinnbildlicht. Daß tatsächlich auch in der Schmetterlingsfarbe ein Bezug zur Entwicklung nachzuweisen ist, lehrt ja der Tagfalter, dessen Eier an Stengeln und Blüten abgelegt werden und der seine Farben sozusagen wie die Blüte aus dem Grün der Pflanze herleitet (also vom Licht ausgeht), während die Nachtfalter ihre Eier in die Erde oder ins Wurzelwerk legen und auch in ihren Farben eine deutliche Beziehung zum Boden oder zur Baumrinde verraten, die ja als der „irdischste“ Teil der Pflanze angesehen werden kann. Schon innerhalb der Schmetterlinge treten uns also — wie es für das Tierreich im ganzen bezeichnend ist — das Irdische, Stoffliche, Dunkle und das Lichtvolle, Reinfarbige in einer aus verschiedenen Rhythmen erzielten Harmonie entgegen. Wir müssen einsehen, daß die Verknüpfung von Farbe und Umwelt nicht rein mechanistisch zu verstehen ist, etwa in dem Sinn, daß die Umwelt Farben prägt oder daß die angepaßtesten Mutanten ausgelesen werden. Nein, die Verbindung liegt in Wahrheit viel tiefer (bloße Auslese von zufälligen Merkmalsausprägungen kann niemals so überraschende Formen wie die Stabheuschrecken, Spannerraupen erzeugen und auch nicht eine so unbeschreibliche Mannigfaltigkeit in der Rinden- und Bodenzeichnung herauszüchten). Im Wesenhaften, das sich eben durch jene Lebenskreise bezeugt, ist auch das Farbige verankert. Genau so wenig wie eine derartige Farbenpracht und Mannigfaltigkeit bei den lichtlebigen Tagfaltern biologisch-technisch notwendig wäre, ist auch die peinlich genaue Übereinstimmung der Raupen mit der Umgebung oder die Herausarbeitung jener wunderfeinen Bindenzeichnung notwendig, mit der manche Eulenschmetterlinge und Motten verblüffen. Die bunten Schmetterlingsfarben[1]) sind genau so wenig zweckhaft zu erklären wie die Vielfalt der bunten Blüten und der Blütenzeichnung. Man sieht daraus nur wieder, daß die Natur eben nicht allein als technisches Wunderwerk aufgefaßt werden darf, sondern daß hier das größte und erhabenste Kunstwerk vorliegt, in dem es dem „Künstler" wirklich „gelungen" ist, das Leben gestaltlich und farbig tausendfältigen Ausdruck annehmen zu lassen. W. Zimmermann (l. c.) kommt in seinem 1938 erschienenen Buch von der rein zweckhaften Denkweise immer noch nicht los und mit ihm wohl eine große Anzahl anderer Biologen auch. Deshalb ist es immer wieder nötig, jene Dinge (die Zimmermann in seinem Buch überhaupt nicht widerlegen kann, da er alle Fragen, die wirklich einmal an das Problem heranführen, als heute noch ungeklärt offen läßt!) zu betonen und festzustellen, daß die Tier- und Blütenfarben zwar zweckmäßig werden können, daß sie aber nicht auf Zweckmäßigkeit gezüchtet worden sind.

Nicht nur das Leben in der Luft ist der Entstehung bunter Farben hold, sondern auch das Schweben und Schwimmen im Wasser. Zeichnen sich die Landwürmer (zu denen auch der Regenwurm mit seinem roten Blut — im Erdinnern hausend! — gehört) durch braune und graue Erdfarben aus und besitzen die Parasiten als Innenbewohner durchwegs hellgraue bis weißliche Farben, so erscheinen die Meereswürmer in einer märchenhaften Farbenpracht. Wie wunderbar metallisch schil-

[1]) Die wundersamen Augenflecke vieler Falter üben nach Prochnow (1908) tatsächlich auf gefiederte Verfolger einen Schreckreiz aus, was auch Steiniger (l. c.) bestätigt. Diese Zweckwirkung zugegeben, wird doch niemand ernstlich annehmen, daß für jene Zwecke gerade die herrliche Form der Augenflecke aus einfachen Tüpfeln herausgezüchtet werden konnte. Vielmehr trat eben dies Muster (das auch mechanisch leicht zu verstehen ist — Liesegang-Ringe!) einmal auf — und nachdem es ausgebildet war, konnte sich eine Auslesewirkung bemerkbar machen. „Die Auslese erfaßt erst Anpassungen, die bereits solche sind" (Steiniger), und ebenso erst „Schreckmuster", die eben schon solche sind.

lert der große Seeringelwurm oder wie reizend nehmen sich die bunten Kelche der Seeröhrenwürmer, die farbenfrohen Kiemenbüschel der Dreikantwürmer usw. aus! Erdfarbig sind die bodenlebenden Fische (Schollen z. B., die sich jeweils dem Untergrund anpassen können), schmetterlingshaft bunt sind dagegen manche tropischen Fische gefärbt. Die eigentlichen Raubfische, wie die Haie, haben eine „tierisch" graue Färbung — vielleicht zum Schutz gegen Sicht sehr förderlich, letzten Grundes aber genau sowenig aus biologischem Zwang wie die Buntheit der Tropenfische. Mag diese auch für die Fortpflanzung eine große Rolle spielen und kann sie auch herausgezüchtet werden, so ist damit immer noch nicht erklärt, weshalb die Muster in einer solchen üppigen Vielfalt und Schönheit erscheinen. Die bunte Meereswelt zusammengenommen ist zu vergleichen mit dem Glitzer- und Flitterspiel des Opals, jenes Edelsteins, dessen Beziehung zum Wasser wir bereits erwähnten. Gerade auf den Schuppen mancher Meeresfische treffen wir dieses Opalisieren wieder an, hier zum Teil bewirkt durch Guaninablagerungen unter der Oberhaut. — Von den grünlichen, grauen, braunen oder farblosen Polypen, die pflanzengleich am Grunde sitzen[1]), lösen sich die farbenfrohen, lichtleichten Medusen (Quallen) ab, um frei im Meere umherzuschweben und zu treiben, geweht von den Wogen, gewebt aus Wasser. Aber die Meerestiere brauchen sich nicht einmal vom Grunde zu lösen, um schmetterlingsgleich im Wasser zu schweben, sondern sie können auch am Boden sitzend Blumengestalt und Blumenfarbe annehmen wie die Seerosen und Seenelken und die steinharten Korallen. Ähnlich deutlich wie der Gegensatz zwischen Land- und Meereswürmern war, ist auch der zwischen den meist braunen und gelblichen, artig gezeichneten Landschnecken und Landmuscheln und den oft wundervoll bunten und schimmernden Meeresmolusken, unter denen es auch nackte Arten mit prunkvollem Kleid gibt.

Bei einer solchen überschauenden Betrachtung gewinnt man die Einsicht, daß die großen Gesetzmäßigkeiten in der Tierfärbung nicht aus kleinlichen Mutationsschritten und ausmerzender Auslese entstanden sind, sondern daß hier Eigen-

[1]) Hier sind die Hydro- und Scyphopolypen, also Hohlschlauchtiere, gemeint und nicht etwa die saugnapfbewehrten Kraken wie Oktopus!

gesetze der Farbe wirken, die diese allemal dorthin „bringt", wo sie als Ausdruckswert gemäß erscheint. Daß diese Übereinstimmung von Farbe und Wesen (worin auch die Umweltharmonie einbegriffen ist) nicht häufig ganz rein zum Ausdruck kommt, sondern durch Sonderanpassungen, Paarungszeremonien usw. abgewandelt werden kann, bedarf keiner Erklärung. Jedoch steht die Farbe nicht nur harmonisch im Verhältnis Tier—Lebensweise—Umwelt, sondern sie verrät auch mannigfache Beziehungen zum Seelischen, das sich im Tier ja vor allem triebhaft ausdrückt. Besonders zeigen sich solche Ausdrucksfarben in Verbindung mit dem Paarungsgeschäft, und selbst bei Säugetieren, die sonst keine auffallenden Farben zeigen, finden sich hie und da in die Augen springende rote und blaue Farben, besonders bei gewissen Affen. Die roten nackten Teile des Pavians stellen biologisch eine Art Prunkfarbe, eine Protzfarbe dar, wie die roten Füße, die die Erpel prahlerisch vorstellen. Im Vogelkleid herrscht gerade als Hochzeitsschmuck sehr häufig das Rot als Sinnbild aktiver Lebenstätigkeit und Triebhaftigkeit vor. Die roten Augen-„Rosen" des Birkhahns werden von diesen Vögeln selber als das Zeichen eines übermächtigen Gegners angesehen, wie O. Heinroth[1]) sicher nachweisen konnte. Eine irgendwie erregende Wirkung muß man dem Rot auch im Tierleben immer wieder zuschreiben, und wir brauchen dabei gewiß nicht nur an den Stier mit dem roten Tuch zu denken. Auch für den Menschen übt das Rot eine erregende Wirkung aus, und es ist als Sinnbild des Umsturzes, der tatkräftigen Erhebung und des heißblütigen Vorwärtsstürmens bekannt. Nicht umsonst zog Garibaldi, der selbst rothaarig war, seinen Freischärlern rote Hemden an. Bei den „Wilden" spielt dieses feurige Rot in Tänzen (Teufelstänzen) eine wichtige Rolle, und man kann jene eindringliche Farbe ohne weiteres als Lieblingsfarbe der urtümlichen Völker und der — Kinder bezeichnen. Mit Rötel wurden die ersten Felszeichnungen gemacht, mit dem Rotstift schmiert das Kind am liebsten herum. Mehr als wir selbst haben südliche Völker eine Vorliebe für roten Festschmuck. Kurz und gut, diese erregende Wirkung, die das Rot für den Menschen besitzt, hat es auch im

[1]) Die Vögel Mitteleuropas, Berlin.

Tierreich, wo es „sinngemäß“ als Farbe des Bewegten und Erregten auftritt. Die graue Baumschlange, in der gelbbraunen Tracht der Lianen, bläht — erschreckt — ihren grell schwarzweiß gebänderten Hals auf (Schwarzweiß als Abstraktum aller Farben, auffälligster aller möglichen Kontraste!) und läßt ihre zinnoberrote Zunge in eigenartiger Weise spielen. So wie sich hier das Rot gewissermaßen aus dem Schwarzweiß als der größten Spannung zum stärksten Leben erhebt, zeigen viele Tiere die Farbzusammenstellung von Schwarz-Weiß mit Rot. Bei der südamerikanischen Wühlechse Gymnophthalmus rubricauda, die schwarzweiß längsgestreift ist, entwickelt sich auf dem Schwanz, der durch schlängelnde Bewegungen wiederum dynamisch ausgezeichnet ist, das Rot. — Die Siedleragame, eine anmutige afrikanische Echse, hat einen stahlblauen Körper mit einem feuerroten (aus Gelb gesteigerten, wie andere Lokalformen beweisen) Kopf. Der Schwanz ist wenigstens nach dem Ende zu und auf der Oberseite leuchtend feuerrot — und es ist bezeichnend, daß das Tierchen gerade mit seinen roten Körperteilen merkwürdige Bewegungen ausführt; so nickt es in der Erregung mit dem Kopf auf und nieder und läßt den Schwanz hin und her fegen! Andere Agamen haben allerdings ganz ähnliche Nickbewegungen und sind doch nicht rotköpfig, aber nicht immer manifestiert sich eben das dem reinen Ausdruck entsprechende Farbige; es besteht dazu keine biologische Notwendigkeit, da hier die Farbe nicht lebenswichtig ist, sondern nur in besonders günstigen Fällen sich in erhabener Zwecklosigkeit offenbart. Solche Fälle muß man aber gerade aufsuchen, um das Geheimnis zu lüften und das Wesentliche vom Zufälligen zu unterscheiden. Im Fall der Agamen liegt als erbliches Familienmerkmal der gelbe Kopf vor, dessen Farbe sich eben gegebenenfalls zum Rot steigern kann. Gerade hier kommen die Farben in ihrer eingeborenen Dynamik sehr sinnenfällig zum Ausdruck; das Zinnoberrot besitzt nämlich nicht Blaugrün als Gegenfarbe, wie es die Erfüllung der statischen Harmonie verlangte (s. S. 70), sondern das Blau als dynamische Gegenfarbe. — Die Schmetterlingsagame ist graugelblich gefärbt und hat orangerote, dunkelpurpur gestreifte Seiten, die aber — wenn man das Tier von oben betrachtet — durch Faltenwurf der Haut in ihrer Farbwirkung kaum zur Geltung kommen.

Erst wenn die Echse gereizt wird, spreizen sich die Rippen, und damit wird auch das grelle Organgerot — vielleicht als Abschreckmittel — sichtbar. Wir kennen ja von unseren Unken die Erscheinung, daß eine rote oder gelbe Scheckung der Unterseite nur dann sichtbar wird, wenn sich das Tier auf den Rücken legt und damit schlagartig die überraschend grelle Farbe aufleuchten läßt. Bewegung und Färbung sind in all diesen Fällen sinnvoll miteinander verbunden, und es ist gar nicht einmal so notwendig, ob hier der Zweck des Warnens überhaupt erfüllt wird.

Rot tritt auch bei Vögeln als dynamische Farbe häufig auf. So ist der rote Schnabel des Pfefferfressers gleichsam nicht nur nach der Form, sondern auch der Farbe nach auffällig gemacht; das Rot deutet auf das merkwürdige Werkzeug noch besonders hin, wie beim Entenfuß auf dessen Vorstellbewegung bei der Balz. Gewisse Papageien. z. B. Aratinga leucophthalma, haben rote Flügelbuge, die ja beim Klettern und Fliegen ständig aufleuchten können. Fast alle Spechte besitzen am Kopf und oft auch am Unterbauch leuchtendes Rot, das mit Schutzfärbung, Warnung oder Balz nicht das geringste zu tun hat. Aber gerade der trommelnde Kopf und der beim Hämmern und Trommeln als Stützpunkt wichtige Unterbauch sind hier die dynamischen Pole, um die sich die Hauptbewegung des Spechtes dreht[1]). Die behutsam schreitenden Sultanshühner und auch unser Teichhuhn haben eine rote Stirnplatte bei sonst ins Blaue oder Schwarze ziehender Rumpffarbe. Der schwarzweiße Unterschwanz des Teichhuhns wird auffällig hochgestellt (vgl. Kontrast des Schwarzweiß als Gegenstück zum Rot bei der Baumschlange, S. 133); diese Farbe ist der Gegenpol jenes Rot des nickenden Kopfes. Wie nun das Schwarz und Weiß ins Bunte überschlägt, kann man bei den Teichhuhnverwandten überhaupt sehr gut beobachten. Man betrachte die drei Hauptvertreter: das schieferschwarze Bleßhuhn mit weißer Stirnplatte, das blauschwarze Teichhuhn mit gelbroter Stirnplatte und grünen anstatt bleigrauen Füßen, schließlich das Sultanshuhn (Südeuropa, Afrika,

[1]) Vgl. auch Frieling, H., Das Farbenmuster der Tiere als Anpassungs- und Wesensausdruck. Mitt. sächs. Ornithologen V, 6, 1938 und „Über die Färbung der Tiere“, Unsere Welt 1939, Heft 1.

Asien) mit indigoblauem Rumpf, hochroter Stirnplatte, gelbroten Füßen und — wie beim Teichhuhn — mit weißem Unterschwanz. Hier verklärt sich in einer zunehmenden fließenden Farbenreihe die Körperfarbe vom Schieferschwarzen über Blauschwarz bis zum reinen Indigo; das Weiß der Stirnplatte steigert sich über das dem Lichten noch nahestehende Gelbrot bis zum Hochrot; die blaugraue Fußfarbe läutert sich über grünlichgelbe Töne bis zum Gelbroten, den Farbenkreis „rechtsherum", nach der aktiven Seite durchwandernd. Vom Schwarzen zum Blauen, vom Weißen zum Gelbroten und Gelben streben also auch die anderen Farben alle zur aktiven Seite, und im südlich beheimateten und bedeutend aktiveren (geradezu räuberischen!) Sultanshuhn erreicht die Steigerungsreihe ihren lebhaftesten und bezeichnenden Abschluß, indem sich aus der Unbuntheit die reine Buntheit bis zu den dynamischen Polen Blau und Rot entwickelt hat. Solche Steigerungsreihen kann man bei sehr vielen Verwandtschaftskreisen der Vögel und anderer Tiere feststellen. Es drücken sich darin nicht nur chemische Umwandlungsprozesse, sondern (diese beherrschend) auch farbige Gesetze aus, die gerade durch ihre gerichtete Reihenfolge — im Farbkreis gesehen — die Zufälligkeit ausschließen und das Wesentliche verraten. Manche Tiere, wie etwa einige Blatt- und Laufkäfergruppen, durchlaufen dabei fast den ganzen Farbenkreis. Gerade bei den (bei südlichen Formen besonders häufig schillernden) Käfern läßt sich das Farbkleid nicht zweckmäßig verstehen, denn die Wärmeabsorption kurzwelliger Strahlen spielt physiologisch keine Rolle, wie für die meisten Käfer die Färbung überhaupt biologisch ziemlich belanglos ist, was man schon aus den zahlreichen, im Leben gleichbegünstigten oder unbegünstigten Spielarten ersieht.

Wie gesagt, lassen sich gerade bei den fliegenden und schwimmenden Tieren die „Lichtfarben" mit ihrer den ganzen Lichtkreis erfüllenden Farbenmannigfaltigkeit die an sich zwecklosen Farboffenbarungen gut studieren. Sehr rein kommen — betrachten wir wieder die Vögel — die Farben bei den Männchen zum Ausdruck, die nicht durch das Fortpflanzungsgeschäft gebunden sind wie die Weibchen etwa der Fasane, Enten und anderer Bodenbrüter, die immer schlicht bodenfarbig aussehen, eine Tatsache, die wohl auch nicht rein mechanische Anpassung sein, sondern auf die Verbindung zum Irdischen im tieferen Sinn (s. S. 126) hinweisen kann. Rein physiologisch ist ja die Ausbildung einer Farbe immer ein gewisser Kraftaufwand, der eben bei den Weibchen häufig für die Eibildung und das Brutgeschäft verwendet wird. Gerade dann aber, wenn beim Männchen überschüssige Kräfte frei werden, müssen sich uns hier die biologisch weitgehend unabhängigen Farben ihrem eigenen Wesen gemäß ausdrücken können.

Es ist vielleicht zweckmäßig, um die harmonischen Farbengesetze bei den Tieren zu studieren, einmal bei den Vögeln (um eine gut bekannte Gruppe herauszugreifen) etwas zu verweilen und einen Streifzug durch das Reich der Gefiederten in Kürze anzustellen.

Die Harmonie tritt in der Tat im Gegensatz zu den oft geradezu geschmacklos wirkenden Farbzusammenstellungen bei Haustierrassen[1]) (braune Tauben mit Purpurglanz und andere Seltsamkeiten) bei frei lebenden Vögeln immer wieder zutage, und sehr oft sind dabei die Farb-Form-Wesens-Gesetze stärker als die systematische Verwandtschaft, wodurch es zu Konvergenzen kommt.

Da gibt es eine Parride, das Jassana, einen auf Sumpfpflanzen schreitenden amerikanischen Vogel mit ungeheuer langen Zehen, der ein ähnliches Leben und auch eine ähnliche Farbenverteilung wie das Teichhuhn aufweist, die zweckhaft kaum zu deuten sein dürfte. Kopf und Vorderkörper sind schwarzblau, ein rotgelber Stirnlappen und ein gelber Schnabel; der Rumpf aber ist braun gefärbt und die Flügelspitzen hell gelblichgrün, fast weiß. Hier ist also nicht der Steiß weiß, sondern der Flügel — und dieser wird beim Niedersetzen auch auffällig hochgehalten, so daß er zum Unterschwanz des Teichhuhnes, mit dem das Jassana gar nicht verwandt ist, in Beziehung gebracht werden darf. Interessant ist aber nun im Sinne unserer Farbenfigur, wie sich hier anstatt Schwarz und Weiß, Braun und Gelblichgrün gegenüberstehen: Braun ist die unreine Mischung einer Buntheit mit Schwarz und helles Grüngelb (als die hellste Buntheit) ein ins Bunte getrübtes Weiß.

[1]) Die Domestikationsform des Kanarienvogels, der ursprünglich fast wie unser Girlitz aussieht, ist einheitlich blaßgelb gefärbt. Selbst der Schnabel ist hell und der Flügel oft fast weiß. Diese völlige Einseitigkeit ohne ausgleichendes Blau oder Schwarz kommt in der Natur nie vor. Sollten die Färbungen alle durch Auslese wahlloser Mutationen entstanden sein, so wäre es doch sonderbar, weshalb nicht auch die sooft auftretenden disharmonisch gefärbten Erbrassen im Freien vorkommen, die oft durchaus lebensfähig wären. Oder — weshalb erzielt selbst die Auslese nur harmonisch gefärbte Formen, die doch im Lebenskampf an sich nicht begünstigter zu sein brauchen? Müßte man dann dieser Auslese nicht Geschmack zugestehen, der aber doch als Attribut des Geistes und der Seele von der Naturwissenschaft in der Natur nicht geduldet wird?

In Afrika lebt die farbenprächtige Papageientaube Vinago, die im Gegensatz zu ihren vorwiegend blaugrau und pastellfarbigen Verwandten ein buntes Kleid in Grün, Blau und Gelb trägt und deshalb auch ihren Namen erhalten hat. Aber die Beziehung zum Papageien ist doch noch tiefer, denn diese Taube klettert als einzige ihrer Familie. Wesen und Benehmen von Papagei und Papageientaube äußern sich gleichsam in der gleichen Färbung, die kausal durchaus nicht notwendig so beschaffen sein muß. Konvergent können also zweifellos auch Merkmale ausgebildet sein, die nicht als Anpassungsfarben zu deuten sind. Übrigens sieht der Schnabelgrund der Papageientaube aus, als sei er ständig mit Beerensaft beschmiert. Das mag ein Zufall sein — aber wenn es keine nützliche Anpassung ist (wem sollte sie nützen?), drückt sich hier vielleicht doch eine innige Beziehung (mehr symbolischer Art) zwischen Tier und Nahrung aus, so ähnlich wie die Zugehörigkeit der Nachtschmetterlinge zum Boden, der Laubtiere zum Laub übereinstimmende Farben schafft.

Die blaugrauen zarten Töne der anderen Tauben empfinden wir als durchaus harmonisch mit dem verträglichen, unaufdringlichen Wesen ihrer Träger. Lediglich die Brustregion (der „Kropf") ist meist bunter und kann weinrot bis gar stichförmig blutrot (Dolchstichtaube) sein. Vielleicht dürfen wir hier einen farbigen Hinweis auf die Bedeutung der Kropfgegend bei den Tauben während der Fütterung (Kropfmilch) und der Balz (Gurren, Resonanzboden im Kropfluftsack) erblicken, was dadurch erhärtet wird, daß viele Singvögel ebenfalls in der Kehl- oder Brustgegend (also dem „Gesangszentrum") auffallend bunte Farben (Blaukehlchen, Rotkelchen, Gelbkehlchen, Weißkehlchen usw.) zeigen, deren ökologische Bedeutung ganz unklar ist. Man wird sich hier erinnern, daß beim Uhu mit dem Rufen ein weißer (Nachtvogel!) Fleck auf der Kehle sichtbar wird, der das Rufen offensichtlich unterstreicht und vielleicht auch eine Bedeutung als „Signallicht" besitzt (Weiß als Signal beim Wild). Der weiße Halsring der Stockente wird entsprechend beim Balzruf breiter und dem Weibchen gezeigt. Der Blutfleck der genannten Dolchstichtaube wird bei jeder Aufregung ebenfalls größer und deutlicher.

Gleichmäßig graue Vögel besitzen sehr oft — wie die Fächertaube, der Raubwürger usw. — weiße und schwarze Marken (Binden), die gewissermaßen die Einheit auf ihren polaren Ursprung zurückführen (das Grau mikroskopisch betrachtet ist auch nur eine Zusammenstellung von Schwarz und Weiß!). Man kann geradezu vorhersagen, daß vorwiegend aschgraue Vögel mit großer Wahrscheinlichkeit auch irgendwo die Farben Schwarz und Weiß aufweisen und nicht etwa dazu noch hellblau oder grün gefärbt sind, wenigstens nicht in größeren Bezirken. Wo einmal die Unbuntheit herrscht, hat die Buntheit nur in ihrem gesteigerten Extrem, vor allem im Rot (Grauer Kardinal, Mauerläufer) Platz. (S. 73). An Stelle des Grau kann der Vogel auch nur Schwarz-weiß oder Schwarz-weiß-Grau zeigen, und auch dann weist er sehr häufig als Buntheit das Rot auf, wenn überhaupt eine Buntheit hinzutritt (Buntspechte, Rotkopfwürger, Brandgans, Storch — um nur ein paar heimische Vertreter zu nennen). Bei Steinschmätzer und Grauwürger deutet sich das Rot nur als feiner bräunlicher Hauch an. Ausgesprochen schwarzweißgrüne oder grau-grüne Vögel (abgesehen von grünem Metallglanz auf Schwarz!) gibt es nicht. Was soll sich hier anders ausdrücken als die

Farbenharmonie? Grau und Grün — als die primitivste Buntheit nur eine Stufe über Grau stehend — sind zu nahe verwandt, um harmonisch zu sein. Schwarzweißrot ist ein Kräftedreiklang, in dem die unbunten Kontraste mit der zum Höchsten gesteigerten Buntheit zusammentreffen; Schwarzweiß und Grün oder Grau und Grün dagegen ist eine Zusammenstellung, die weder Kontraste zwischen Bunt und Unbunt gibt, noch in sich eine Harmonie in Unbunt bedeutet. — Zum Grau tritt ja häufig — innerhalb der Eigenharmonie — das Braun, meist im Übergang, hinzu. Nicht selten geht das Grau im Leben des Vogels (Kuckuck, Turmfalk) aus Braun hervor, wird also immer unbunter. Die reine Harmonie, die im Grau oder im Schwarzweiß liegt, wird so gleichsam aus der Unreinheit immer mehr erfüllt. Treten nun zu einem braunen Vogel, zunächst in schüchterner Andeutung, wieder Farben hinzu (wie beim Häherkuckuck), so zeigen diese bereits im Beginn einen Hang zur Gegenfarbigkeit (der dunkelblaugraue Kopf und die hell rostgelbe Kehlpartie). Das Braun des Häherkuckucks reinigt sich am Schwanzende zu Schwarzweiß und versucht, auf der Flügelspitze (Bewegung!) ins Rote überzugehen. Die Neigung zu roten Flügeln verraten auch die den Kuckucken verwandten Helmvögel oder Turakos. Diese leben gesellig in den Bäumen und zeigen — wie häufig Baumvögel — eine vorherrschend grüne Färbung. Nur die betonten, auch formal auffälligen Körperteile wie Helmbusch und Schwanz sowie die Schwungfedern sind dunkelrot.

Unter den Hühnervögeln, deren Weibchen eine enge Beziehung zum Boden in ihrem schlichten Kleid verraten, gibt es Arten von seltener Farbenschönheit und Harmonie. Der Blutfasan ist besonders lehrreich: er hat einen grauen Rücken mit schwarzweißen Längsstreifen (Harmonie in Unbunt). Kehle und Stirn sowie der Schnabelgrund weisen Rot auf, das im Haubengefieder in Gelb übergeht und dem auf der Bauchseite ein Grün entgegensteht, das wiederum weiter nach hinten durch abermaliges Rot abgelöst wird, das auch den Oberschwanz bedeckt (Schwanzspitze wieder weiß!) und dann an den unbunten Rücken unmittelbar anschließt. (Es ist wichtig, daß man die Farbigkeit eines Vogels in dieser Art „zeitlich", in bestimmten Richtungen verfolgt; so wird man die Erfüllung des Farbenkreises besonders deutlich wahrnehmen. Natürlich kann man auch eine Entwicklung der Farben ontogenetisch oder phylogenetisch — aber immer zeitlich also — verfolgen und wird auch da interessante Metamorphosen entdecken.) Beim Blutfasan haben wir die Gegensatzpaare Schwarz—Weiß, das sich im Grau versöhnt, und Grünrot, das sich einerseits im Grau aufhebt und andererseits nach dem beiden gemeinsamen Gelb hinzieht. Die blutroten Striche auf der Brust verhindern, daß das Grün des Bauches an das Grau des Vorderkörpers grenzt.

Ähnlich wie die Hühnervögel besitzen auch die Enten schlicht bodenfarbige Weibchen; die Erpel dagegen können recht farbenprächtig sein. Dabei sind im allgemeinen diejenigen Enten, die die weite See- oder Meeresfläche bewohnen, ähnlich wie die anderen Seevögel (Taucher, Lummen, Alke) schwarz und weiß, in jedem Fall aber großflächig gemustert, während die Gründelenten kleinerer Gewässer eine kleinlichere, ja, eine oft geradezu minuziöse Zeichnung aufweisen (feinste Wellenlinien, bunte Spiegel usw.). Wie sich derartige Färbungsgesetze durch Selektion herausgebildet haben könnten, wüßte ich nicht anzugeben. — Es ist übrigens bei den Meeresvögeln wiederum bezeichnend, daß hier diejenige Buntheit, die überhaupt zu dem Schwarzweiß tritt, meist aufs Rote hinzielt (das oft aus Gelb und Gelbrot gesteigert wird). Vorwiegend sind von diesen Farben die nackten Teile betroffen. Bei der Eiderente — das könnte man entgegenhalten — tritt auch Grün zum Schwarz und Weiß, aber dieses zarte Pastellgrün ist nur auf eine kleine Stelle beschränkt und wird ferner wieder durch die lachsrötliche Brustfarbe ausgeglichen (vgl. Ausgleich des Grünen bei dem schwarzweißgrauen Blutfasan durch Rot!).

Den Ausgleich des Grünen durch das Rote oder umgekehrt können wir besonders deutlich bei den Papageien beobachten, unter denen mit Ausnahme der erdgrauen madagassischen Vasapapageien und dem aschgrauen, aber rotbraunschwänzigen Jako sowie den weißen oder schwarzen Kakadus (wohl primitive Arten) Grün vorherrscht. Dieses Grün wird bei der schon erwähnten Aratinga durch brennendes Rot gehoben, und der Grünedelpapagei, der bei seiner grasgrünen Färbung nur rote Unterflügeldecken aufweist, hat in seinem vorwiegend roten Weibchen eine eindrucksvolle harmonische Ergänzung. Daß sich tatsächlich die Geschlechter oft farbig ergänzen, besonders wenn bei einem Partner eine gewisse Einseitigkeit herrscht, kann man ja schon beim Kreuzschnabel beobachten, der im männlichen Geschlecht rot, im weiblichen mehr oder weniger schmutziggrün erscheint. Innerhalb enger Verwandtschaftsgruppen lassen sich derartige Entsprechungen übrigens nicht selten finden; wir kommen auf solche Beispiele noch zurück.

Bei den Arten, die die Farbenharmonie auf ihrem eigenen Kleid schon ziemlich weitgehend erfüllen und sämtliche Buntheiten aufweisen, findet man meistens auch noch schwarze, weiße oder graue Töne, wie z. B. beim Blutfasan, der ja darüber hinaus noch alle Buntheiten außer Blau und Blauviolett aufwies. Ein Vogel, der ganz im Buntfarbigen aufgegangen zu sein scheint, ist der Allfarblori, ein Papagei, dessen Schnabel rot ist und der einen indigoblauen Kopf, eine gelbe (gegenfarbige) Halspartie, dann einen diese beiden Gegensätze vereinenden grünen Rücken und Schwanz hat. Auf der Unterseite zeigt sich nun nochmals das schon vom Schnabel her bekannte Rot neben den gelben Brustseiten, das dann sein dynamisches Gegenstück im blauvioletten Bauch findet. An Stelle der unbunten Farbtöne weist also dieser Vogel wirklich alle Buntheiten auf und verdient insofern seinen Namen. Im Gegensatz zum Allfarblori begnügt sich der Ararauna mit Himmelblau und Dottergelb; andere vorkommende Farben sind auf kleinste Gebiete beschränkt.

Wir sahen, daß bei schwarz-weißen Vögeln als Buntheit häufig das Rote hinzutritt. Um nun bei den Papageien zu bleiben, möchten wir hier noch ein Beispiel anführen, das zu zeigen scheint, wie diese Farbenzusammenstellung bei einer weniger intensiven Färbung transponiert werden kann. Der Nymphensittich ist vorwiegend graubraun gefärbt, der Flügel z. T. weiß. Dieser matten Gegenüberstellung, in der Schwarz fehlt, entspricht ganz, daß hier anstatt Rot Orangerot auftritt, das sich neben dem Gelb der Haube sehr viel harmonischer mit dem graubraun-weißen Kleid ausnimmt, als wenn es sich um ein brennendes Rot handelte. Alle Farben dieses Vogels liegen also innerhalb des äußeren „Fünfecks“ und neigen daher schon zu einer

Harmonie in Braun. Auch beim hauptsächlich braungrau gefärbten Rotkehlchen tritt ja auf der Brust nicht Rot, sondern Orange auf; wie schlecht würde sich hier leuchtendes Rot in dem Erdbraun ausnehmen! Wer befiehlt diese Harmoniegesetzlichkeit? Die Auslese?

Eine gelbe Haube treffen wir auch bei anderen Vögeln, etwa beim Rotwangenspecht oder beim Kakadu wieder. Dem Wesen der gelben Farbe entsprechend „siedelt" sich diese mit Vorliebe dort an, wo sie ausstrahlen kann. Man denkt hierbei auch an den wundervollen, gelb ausstrahlenden und ins Weiße ziehenden Federbausch des Großen Paradiesvogels. In besonderen Fällen, wie etwa bei vielen Spechten, tritt allerdings eine rote Kopfhaubenfarbe auf, aber erstens verstrahlt das Kopfgefieder beim Specht weniger und zweitens steht die rote Farbe hier an einem dynamisch wichtigen Ort. (Schließlich könnte man sich einen Schwarzspecht oder Buntspecht mit gelbem Oberkopf schon vorstellen; eine schwarzweiße Art, der Dreizehenspecht, ist am Oberkopf tatsächlich gelb und beweist damit nur wieder die enge — auch chemische — Verwandtschaft des Gelb und Roten, das ja nur eine Steigerung dieses ist.)

Im allgemeinen trifft man im Vogelreich die Farben natürlich nur in besonderen Fällen ihrem Wesen gemäß ideal verteilt an, denn, wie wir sahen, müssen sie ja verschiedene „Bindungen" zur Gestalt, Lebensweise und schließlich auch Wesensart des betreffenden Vogels eingehen; denn gerade hier handelt es sich im Gegensatz zur Pflanze um aktive Farbträger, die die Farbe nicht nur in oder an sich harmonieerfüllend auswirken lassen. Deshalb wird natürlich auch immer wieder eine Übereinstimmung der Wesensart eines Vogels mit seiner Farbigkeit zu finden sein, worauf wir ja schon bei den Teichhühnern und Jassanas, den Papageientauben und grauen Tauben hinwiesen. — Da interessiert nun der Scharlachspint (ein Rakenvogel) durch seine lebhaft rote Farbe, die auch durch die gegenfarbig grüne Kappe nur wenig gemildert wird. In der Tat ist das Wesen dieses Vogels durch ungewöhnliche Regsamkeit gekennzeichnet. Eigenartig einseitig ultramarinblau mit rötlichviolettem Brust- und Bauchfleck ist der brasilianische Halsbandkotinga gefärbt, bei dem sich die Gegenfarbe lediglich in der orangebraunen Iris äußert. Dieser Vogel ist seinem Wesen nach ein „still-trauriger" (Brehm) Gesell, ein unbeweglicher und fauler Urwaldbewohner. Der dynamische Gegensatz zum Halsbandkotinga ist der ihm verwandte, aber viel lebhaftere einseitig orangerote Klippenvogel.

Da wir in den vorangegangenen Ausführungen schon einer ganzen Anzahl von Vögeln gedacht haben, sollte der Vorwurf, wir hätten nur diejenigen Beispiele herausgesucht, die in unseren Kram paßten, eigentlich nicht erhoben werden. Aber es gibt ja nun in der Tat immer wieder Fälle, die vielleicht der eine oder andere als Gegenbeweis für unsere Vorstellung von der sinnvollen Farbenverteilung anführen könnte. Um dem vorzubeugen, müssen wir wieder betonen, daß es verkehrt wäre, nun etwa angesichts eines Eisvogels zu sagen, es müsse sich um einen stillen Burschen handeln, weil er soviel Blau zeigt, oder zu meinen, der Dompfaff sei wegen seines roten Bauches ein lebhafter Vogel. Eine derartige Einstellung zum ganzen Problem ist müßig und unwissenschaftlich. Wir dürfen allein Tatsachen zusammenstellen als Material für eine allgemeinere Betrachtungsgrundlage. Wir bemerken hier eine Farbengegensätzlichkeit und dürfen von Harmonie sprechen, dort sehen wir rote Farbe mit Bewegung verpaart und stellen dies noch öfters fest, so daß wir auch hier an eine Verbundenheit von Rot und Bewegung, aber nicht im kausalmechanischen Sinn, denken können. Niemals finden wir eine Farbenzusammenstellung, die einem Künstler kitschig vorkäme — und ich glaube, diese Tatsache gibt mehr zu denken, als man anzunehmen geneigt ist. Es zeigen sich eben wirklich allenthalben farbige, künstlerisch anzusprechende, Naturgesetze, auf die bisher viel zuwenig geachtet wurde. Man muß einmal absehen von dem reinen Zweckfragen, das uns in entscheidenden Fällen doch nicht zum letzten Resultat bringt, und man muß einmal dem Gedanken nachgehen, ob sich die Natur oft nicht mehr als Künstlerin als als raffinierter Konstrukteur darbietet. Um aber wirklich zu Ergebnissen zu gelangen, die das Aufstellen fest umrissener Gesetze ermöglichen, bedarf es eines großen Materials und einer außerordentlich vorsichtigen Auswertung. Bereits die Tatsache, daß man etwa die rote Farbe des Kreuzschnabels im Zusammenhang mit seinem grünen Weibchen betrachten *kann*, legt uns nahe, wie ungeheuer viele Möglichkeiten es gibt, nach denen die Farbigkeit eines Tieres beurteilt werden kann. Dafür nun endlich noch einige wenige Beispiele, die wahllos herausgegriffen sind.

Beim schon erwähnten Eisvogel müßte man in erster Linie die Zusammenstellung des lichtvollen, geradezu untierischen Blaugrüns mit seinem wundervollen Tonwechselspiel mit dem erdfarbigen ausgleichenden Rostbraun der Unterseite beachten, um die Farbigkeit wiederum als Harmonie beurteilen zu können. Es ist für den in solchen Beurteilungen Fremden eine ganz vorzügliche Übung, Vogelgestalten farbig wechselnd auszumalen! Bei diesem lustigen Spiel wird man z. B. sehen, daß ein Eisvogel, dessen ganze Unterseite man weiß lassen würde, rein farbenmäßig sehr unbefriedigend bliebe. Es gibt nun in der Tat einen Eisvogelverwandten, der oberseits schimmernd seidenblau, unten aber fast weiß ist — aber dieses Tier hat nun noch einen korallenroten Schnabel, wodurch die farbige Harmonie hergestellt wird, wie man sich an Ausmalversuchen überzeugen kann[1]). Nun schaut man sich weiter um: da erkennen wir bei den ebenfalls blaugrünen Blauraken und Bienenfressern wiederum das ausgleichende Braunrot oder Mahagonibraun — ein Grund mehr, um die Farbenharmonie als Tatsache anzusehen. Daß Blau oder Grün durch Rot ausgeglichen wird, ist eine geradezu regelmäßige Erscheinung im Vogelreich; zu den bereits genannten Arten müßte man auch noch als besonders schöne Vertreter die Trogonen stellen. Der indische Neunfarbenpitta könnte uns leicht in seiner Farbenfreudigkeit übertrieben vorkommen, und seine grüne und blaue Oberseitenfärbung scheint fast geschmacklos zusammengestellt zu sein, aber sogleich greift hier wieder das Rot des Unterbauches und das Gelbbraun des Oberbauches ein, wozu noch die schwarzweiße Flügelzeichnung tritt. Diese bunten Vögel erfüllen tatsächlich die Harmonie des Lichts fast vollständig, was bei einem Tropenbewohner oder Blütenbesucher wie dem Kolibri ebenfalls zu erwarten wäre. Nur sind hier die Farben nicht bunt nebeneinander gesetzt, sondern die meist dunkle Grund-

[1]) Auch kann das Weiß der Unterseite hier als notwendiger Gegensatz des teilweise fast schwarzen Rückens angesehen werden.

farbe schillert in allen Tönen von Blau über Grün nach Purpur und Gold. Hier erreicht die „Rückkehr" des Farbigen zum Licht wohl ihren Höhepunkt. Interessant ist, daß die ebenfalls blütenbesuchenden, aber mit den Kolibris gar nicht verwandten Nektarvögel ebenfalls eine schillernde Farbenpracht aufweisen, die wieder an die Insekten erinnert. Die Stare, besonders der afrikanische Erzglanzstar, erfüllen durch ihre schimmernden Kleider ebenfalls das Licht. Besonders aufschlußreich ist hier, daß die jungen Stare eine graubraune, also auch farblich primitive und entwicklungsfähige Kleidung aufweisen. Auch zahlreiche Rabenvögel besitzen ein metallisch glänzendes schwarzes Kleid (zu dem bei der Elster etwa noch Weiß tritt). Glanzlos schwarze Federtracht findet man selten bei Vögeln; viel häufiger bei Säugetieren, erdbewohnenden Käfern, bei Schnecken usw.). Bezeichnenderweise ist gerade die Amsel unter den Vögeln bis auf den gelben Schnabel (im männlichen Geschlecht wenigstens) kohlschwarz. Die innige Verbundenheit mit dem modrigen Boden (totes Pflanzenmaterial wird schwarz = Kohle!), aus dem der Vogel seine Regenwürmer zieht, scheint sich hier auszusprechen. Die Amselverwandten — und schon ihr Weibchen — kleiden sich erdfarbig. Man kann die schwarze Amselfarbe gewiß nicht als Anpassungsfarbe deuten, was man von der Drosselfärbung sagen könnte, dafür zeigt sich hier wohl (die auch sonst bei den Anpassungsfarben vermutete) innere Beziehung zum Lebensraum an.

Die Zusammenstellung von Schwarz und Gelb kommt außer bei der Amsel (bei der ja nur der Schnabel gelb ist) besonders auffällig bei den Pirolen und den Ikteriden (hier auch Orange und Schwarz wie bei einigen Stärlingen usw.) vor. Man ist es gewohnt, schwarz-gelbe Tiere — wie etwa Wespen und und deren „Nachahmer" unter den Käfern und Schmetterlingen, Salamander, Unken usw. — mit der Giftigkeit zusammenzubringen oder diese Färbung kurzerhand als Warnfarbe zu bezeichnen. Ein genaues Studium der Farbverteilung kann uns aber zeigen, daß diese Deutung höchstens dann richtig ist, wenn es sich um den kleinen Wechsel dieser beiden Farben (der dunkelsten Unbuntheit und der hellsten Buntheit) auf der Fläche handelt. Die „Warnmuster" sind nämlich alle Kleinmuster oder sie zeichnen sich doch (wie Salamander und Unke) durch Unregelmäßigkeit der gelb-schwarzen Färbungsgebiete aus (s. darüber weiter unten). Beim Pirol nun ist die Farbverteilung ruhiger und großzügiger: der ganze Rumpf ist gelb und nur die zum Flug dienenden Federn weisen eine dazu kontrastierende Schwarzfärbung auf. Auch kann man die Färbung des Pirols nur aus seiner entwicklungsgeschichtlichen (ontogenetischen und vielleicht auch phylogenetischen) Herleitung richtig verstehen: Jungvögel (und Weibchen) sind nämlich olivgelblich und dunkel graubraun; aus dieser graugemischten, potenzreichen Buntheit reinigt sich nun beim Männchen das reine Gelb zur höchsten Entfaltung der Buntheit im Hellen und das düstere Graubraun zur reinsten Dunkelheit, dem Schwarz. Diese Kontrastfarbe entspricht in gewissem Sinne dem Schwarz-Weiß und dem Blau-Gelb auf der unbunten bzw. bunten Stufe. Dadurch, daß das unbeteiligte Weiß durch das warme Gelb ersetzt ist, weist die Pirolfärbung vielleicht auf Licht und Wärme (der P. ist ja auch ein typischer, eigentlich tropischer Sommervogel).

Nicht immer stehen sich Männchen und Weibchen in der Weise gegenüber, daß das Weibchen die ursprünglichere, dem Grauen nähere, Färbung zeigt, während sich das Männchen entschiedener kleidet, sondern gelegentlich geben sich beide Geschlechter in der Farbenpracht nichts nach. Das ist z. B. bei der Siebenfarbentangare der Fall, die wir zum Abschluß noch einmal in ihrer Farbverteilung betrachten wollen. Die goldgrüne Farbe des Kopfes sticht gegen den orangeroten Bürzel ab. Die Oberseite ist schwarz, Flügelbug und Kehle erscheinen ultramarinblau, der Bauch hellblau. Den gelben Oberschwanzdecken steht wieder die blaue Kehlfärbung entgegen, so daß man unbedingt den Eindruck eines farbigen Gleichgewichtssystems erhält. Dies wird noch deutlicher beim Prachttangara, der kein Rot, sondern nur Gelb auf dem Bürzel zeigt und „dafür" auch keinen grünen, sondern einen dunkleren und mehr ins Blaue ziehenden Kopf hat.

Aus dem Vogelreich nur diese Beispiele, die doch wohl — obgleich sie nur aus der Fülle herausgegriffen sind — überzeugend darauf hinweisen, daß man die Vogelfärbung zum mindesten auch nach den Gesichtspunkten der Farbenharmonie und der sinnvollen Farbzuordnung betrachten kann. Ja, es ist nicht zuviel gesagt, wenn wir die Regelmäßigkeit, mit der gewisse farbige Zusammenstellungen auftreten, als Ausdruck einer Gesetzlichkeit ansehen, die als solche nur vom künstlerischen Standpunkt aus voll erfaßt werden kann. Das schließt nicht aus, daß ökologische und physiologische Notwendigkeiten, in einem Wort: die Zweckmäßigkeit im biologischen Sinn, dennoch eine große Rolle spielen kann. Nur ist zu beachten, daß etwa die geschlechtliche Zuchtwahl oder natürliche Auslese durch den Kampf ums Dasein die Farbengebung der Tiere nicht eigenmächtig entstehen lassen kann, sondern lediglich an der Ausbildung mitzuarbeiten vermag. Daß die Zuchtwahl etwa bei den Kampfläuferkleidern oder beim Wellensittich eine Rolle spielt, ist einwandfrei erwiesen; aber der Begriff Wahl zeigt ja schon an, daß etwas schon Vorhandenes nur ausgewählt, nicht aber Neues gebildet werden kann. Die blinde und ziellose Variation (heute können wir sagen Kleinmutation) dürfte aber schwerlich Farbenzusammenstellungen zuwege bringen, die auffallenderweise harmonischen und wesenhaften Manifestationen der Farbe entsprechen; man müßte doch Entwicklungsstadien antreffen können, die eine rein zufällige Farbkombination zeigen, die erst mit der Zeit ausgelesen und ausgefeilt würde, wobei eben selbst der Auslese „Geschmack" zuerkannt werden müßte. Wie dem auch sei (ob die auslesenden

Faktoren, wenigstens die auswählenden Geschlechtspartner an der Herstellung sinngemäßer Farbenzusammenstellungen beteiligt sind oder ob sie nur eine untergeordnete Rolle spielen), die Vogelfarben sind niemals rein zweckhaft, mechanistisch zu verstehen. Und es ist lediglich eine Maßnahme zur Platzersparnis, wenn wir hier nicht auch die anderen Tierklassen so durchmustern wie die Vögel; überall zeigen sich tiefinnere Beziehungen der Farbe zum Wesen und harmonische bzw. harmonieerfüllende Kombinationen. Interessant ist z. B. die Gegenfarbigkeit der Geschlechter auch beim Hornfrosch (Ceratophrys cornuta), jenem abenteuerlich gestalteten Südamerikaner, bei dem das Weibchen einen bläulichgrünen, das Männchen aber einen orangeroten breiten Rückenstreif besitzt. Prächtige Farbharmonien finden wir bei den Schmetterlingen und überhaupt bei den Insekten, wo ja auch die bekannten und viel untersuchten Giftfarben oder Warntrachten auftreten. Wie bereits erwähnt (S. 142), ist für diese Warntrachten das Kleinfeldmuster kennzeichnend; etwa gelbe Flecken und Streifen auf schwarzem Grund, weiße, gelbe und blutrote Streifen auf metallisch schwarzem Grund (wie beim giftigen Färberfrosch), rotgelbe Färbung mit schwarzen Punkten usw. Ganz gewiß muß diese Tracht für die Feinde der betreffenden Tiere sehr einprägsam sein, und es ist daher so gut wie sicher, daß sich diese jene Muster nach gemachter übler Erfahrung leicht merken[1]). Es spricht sich aber auch wohl schon rein gestenhaft in der räumlich engen Verteilung von Schwarz und Gelb, Schwarz, Rot usw. irgend etwas Ungewöhnliches aus, wie schon bei den Giftpflanzen (Tollkirsche, Bilsenkraut, Fingerhut) mit ihrem seltsamen Farb- und Zeichnungsmuster. Im allgemeinen wird doch der Kontrast entweder aus unbunten oder aber aus bunten Farben gebildet, nicht aber treten Bunt und Unbunt allein (dicht beieinander) in polaren Gegensatz. Dynamisch erscheinen hier die Farben des Stofflichen, des Todes (Schwarz), mit der allerlebendigsten Farbe, dem Rot (oder seiner „Steigerungsvorstufe", dem Gelb, gekoppelt[2]), was rein symbolisch für den Menschen die enge

[1]) Wofür z. B. die Untersuchungen H. Mühlmanns, Ztschr. f. Morph. u. Ök. d. Tiere 1934, 28, H. 3, sprechen.

[2]) In alten Kasperletheatern wird der Teufel fast immer schwarz und rot dargestellt — auch keine Zufallswahl! Übrigens enthält die schwarze

Paarung von Tod und Leben bedeuten würde, wie sie ja für giftige, hochlebendige und dennoch todbringende Tiere auch angebracht wäre. Jedenfalls aber ist sicher, daß sich derartige „Giftmuster" nicht bloß zum Zwecke der Warnung herausgebildet haben können, sondern es ist anzunehmen, daß sich hier wiederum wesenhafte Offenbarungen zeigen. Übrigens trifft man die Giftfarbe nicht selten gerade bei den Tieren an, die sonst eine harmlosere Verwandtschaft haben. Unter den meist ungiftigen Nattern erscheint die Korallennatter Amerikas (Micrurus) in der schwarz-roten Tracht der Gifttiere — und wirklich, sind diese Schlangen z. T. giftig. Immerhin muß bei der Betrachtung solcher Warnfarben darauf hingewiesen werden, daß sie auftreten *können*, aber kausalgesetzlich durchaus nicht *müssen*. Das sieht man ja schon an unseren Vipern (z. B. Kreuzotter), die durchaus erdfarbig (dem Untergrund oft mehr oder weniger angepaßt) erscheinen, aber keineswegs das bekannte Giftmuster tragen. Allerdings drückt sich gebärdenhaft in der unruhigen und „triebhaften" Zeichnung dieser Ottern (Zickzackband — ein sonst ganz unbekanntes Muster!) etwas Ungewöhnliches, vielleicht geradezu ein Symbol des Schlängelns, aus. Die stark triebhaften Raubtiere (Katzen) und die Raubvögel sind — das sei hierbei hervorgehoben — auch keineswegs etwa in vordringliche Farben, etwa Rot, gekleidet, sondern weisen „dafür" eine reiche und vielgestaltige Zeichnung auf (Sperber, Falken, Ginsterkatzen, Leoparden!), die zugleich häufig der Aufgabe dienen mag, das Tier (besonders das Säugetier) in der Umgebung verschwinden zu lassen.

Nach dieser erdrückenden Mannigfaltigkeit der tierischen Färbung wird es angebracht sein, noch einmal kurz die Hauptpunkte zusammenzufassen:

Die Tierfarben treten als organische, notwendig mit dem Leben verbundene Farben auf. Jedoch ist hier nicht das Grün wie bei den Pflanzen als Lebensfarbe einfacher Ausdruck des Lebens im Stofflichen, sondern wir erkennen im Tierreich entsprechend der aktiven Tätigkeit, die sich etwa im Triebleben äußert, die Farben häufig als wesensgemäß fixiert, was bei den allfarbigen, nur nach der reinen Lichterfüllung strebenden Kristallen nicht der Fall ist.

Als Grundfarbe des Tierischen allgemein kann Purpur insofern gelten, als diejenigen Tiere, die sich stammesgeschichtlich am weitesten vom gemein-

---

Tollkirschenbeere einen *roten* Saft, aus dem bekanntlich das Atropin gewonnen wird.

samen Ausgangspunkt des Tier- und Pflanzenlebens entfernt haben, diese Farbe in ihrem Lebenssaft rein bildmäßig-ausdruckhaft tragen. Dieses Purpur ist die organische Ergänzung zum Grün der Pflanzen. Der Ausgliederung der Pflanze am Licht entspricht die Eingliederung des Tierorganismus ins Innere, „Dunkle", worauf auch das zahlreiche Auftreten der unbunten Grau- und Schwarzfarben (Mischung: Braun) hindeutet.

In den Schutz- und Anpassungsfarben sehen wir einen inneren Bezug zur Umgebung und zum Lebensraum im weitesten Sinn, in dem das Tier wie in seiner Welt haust. Jedoch gibt es auch Farben, die mehr dem Innenleben des Tieres entsprechen und mit dem Triebhaften im Zusammenhang stehen (Rot als dynamische Farbe!)

Diejenigen Arten, die ein dem Licht hingegebenes Leben in der Luft oder im Wasser führen, neigen am meisten zur Erstrebung der vollen Lichtharmonie. Harmonische Farbenverteilung konnte überall nachgewiesen werden. Sie ist nicht zweckhaft, etwa durch Auslese, zu verstehen, sondern kündet eine höhere sinnvolle Gesetzlichkeit.

Die Körperfarbe des Menschen.

Rein zoologisch genommen müßte der Mensch sich auch in bezug auf seine Haar- und Körperfarben an die Säugetiere anschließen, weshalb ein Sonderabschnitt grundsätzlich ungerechtfertigt wäre. Aber da in ihm einzig und allein im ganzen Reich der Natur das Geistige voll bewußt wird und der Mensch sein Innenleben nicht nur triebhaft äußern kann, sondern dieses vielmehr schöpferisch kundzugeben vermag, gebührt ihm eine Sonderstellung. Der Mensch bewahrt in seinem symmetrischen Bau das im Raum zur Geltung kommende Kristallhafte ebenso wie er in seiner Bewegung, seinem Wachstum, seiner Aufrichtung vom Boden und dem Streben zur Höhe das eigentlich Organisch-Pflanzliche in sich schließt. Die Pflanze aber verstrahlt ihre Blütenfarben ins Licht, dem sie sie letztlich verdankt, sie läßt sie gar nicht zur Anschauung kommen, wogegen der Mensch, und in beschränktem Umfang das Tier, die Farben erleben kann. Das Auge ist auf eine Schwingungsoktave der strahlenden Energie so eingestellt, daß es eben die uns geläufigen Farben zu sehen vermag und sich damit als Empfänger der wortlos leuchtenden Pflanzen- und Mineralfarben erweist, die Natur in diesem Sinne also erst erfüllt. Da aber der Mensch im Gegensatz zum Tier das Farbenerlebnis wiederum selbst schöpferisch zum Ausdruck bringen kann, muß er in seinem Inneren der Möglichkeit nach alle Farben bewahren.

Symbolisch scheint der abgeschlossene Hirnschädel darauf hinzudeuten, daß sich die Lichtkräfte nicht wie bei der Blüte nach außen unempfunden und unerlebt ihrem Ursprungsort, der Sonne, wieder zuwenden, sondern daß diese zur abgeschlossenen Erkenntnis gebracht werden können, um aus dem Geiste heraus wiederum neu geschaffen zu werden. In den Menschen ist so gewissermaßen die ganze Lichtfülle und das Farbige eingegangen, um künstlerisch-schöpferisch wieder entlassen werden zu können. Ein Wesen aber, das solcherart aufnimmt und ausgibt, muß selber rein äußerlich, körperlich, weitgehend inaktiv und unbeteiligt am farbigen Leben sein. Denn je mehr die Natur selbst am Menschen verwirklicht, desto weniger braucht verinnerlicht zu werden. Wie nun der menschliche Körper im Gegensatz zu den irgendwie immer spezialisierten (Läufer, Kletterer, Schwimmer, Räuber usw.) Säugetieren ursprünglich erscheint und für eine bestimmte Lebensweise nicht ausgesprochen angepaßt ist, so zeigt der Mensch auch keine spezialisierten Farben. Bei ihm muß sich die Neutralität der Natur gegenüber erweisen, soll er von sich aus in seiner Kultur wiederum eine Natur hervorbringen. Ein Schöpfer kann nicht selbst zugleich Teil seiner Schöpfung sein, sondern muß dieser erhaben gegenüberstehen.

Freilich gilt jene absolute Neutralität eigentlich nur für einen abstrakten Menschen, für die „Idee" des Menschen, für sein geistiges Urbild. Denn da der Mensch den natürlichen Gesetzen wie alles Fleisch und Blut unterworfen ist, müssen sich notwendigerweise auch in seiner Körper- und Organfärbung dieselben farbigen Gesetze nachweisen lassen wie beim Tier. So ist auch die Hautfarbe nicht völlig tonlos, sondern immer nach irgendeiner Richtung hin bunt getönt. Je primitiver oder auch ungeistiger und tierhafter eine Menschenrasse ist, desto mehr neigt die Haut zur Pigmentierung, besonders bei den Negern und den Indianern[1]). Erst der hellhäutige Mensch, also der „Gelbe" (der sich selbst übrigens nicht gelb findet, solange er keinen

[1]) Die von F. Lenz auf dem Naturforscher- und Ärztetag 1938 in Stuttgart ausgesprochene Annahme, Hellhäutigkeit und Dunkelfarbigkeit seien durch Auslese (Malaria bzw. Tuberkulose) entstanden, ist in dieser Einseitigkeit sicher falsch. Für die menschliche Hautfarbe muß zunächst eine Grundlage da sein, an der die Auslese durch Mikroben, Klima usw. ansetzen kann.

Vergleich mit den „Weißen" kennt) und „Weiße" näherte sich dem geistigen Urbild, d. h. der farbig absoluten Neutralität. Durch die Haut schimmert das Blut, das ihr seine Farbe in verklärter, milder Form verleiht. Seelische Regungen drücken sich rein farblich in einem Aktivwerden, im Erröten etwa, aus. Diese Farbänderung geschieht auf dem Wege über Hormone und Nerven, die eine Erweiterung bzw. eine Verengerung der Blutgefäße bewirken. Der kranke Mensch bekommt eine gelblichgraue, schließlich eine grünliche Färbung (alle Buntheiten stark grau bzw. „weiß" getrübt) und unternimmt damit gleichsam einen Schritt ins Pflanzenhafte, wo das Stoffliche in das Leben eingegliedert ist, wo der Mensch nicht mehr „blutvoller", lebendiger Mensch ist, sondern nur noch „vegetiert"! Starke Triebhaftigkeit, wie Zorn, läßt die an sich fast farblose Haut röter werden — so ist die neutrale Hautfarbe ein geeigneter Untergrund für das Erscheinen von seelischen Farbenabbildungen, ein S p i e g e l d e r S e e l e, wie wir es im Tierreich nur gänzlich im Triebhaften (Chamäleon, Tintenfisch usw.), wo auch seelische Regungen das Farbenspiel verursachen, kennen.

Das H a a r spielt für den Menschen als Körperbedeckung überhaupt keine Rolle. G o e t h e sagt, nachdem er in seiner „Farbenlehre" der Zotten und Tiermähnen gedacht: „Dagegen ist die Oberfläche des Menschen glatt und rein und läßt bei den vollkommensten außer wenigen mit Haar mehr gezierten als bedeckten Stellen die schöne Form sehen; denn, im Vorbeigehen sei es gesagt: ein Überfluß der Haare an Brust, Armen, Schenkeln deutet eher auf Schwäche als auf Stärke; wie denn wahrscheinlich nur die Poeten, durch den Anlaß einer übrigens starken Tiernatur verführt, mitunter solche haarigen Helden zu Ehren gebracht haben." — Daß der schwarzhaarige Südländer im allgemeinen lebhafter und auch triebhafter als der blondhaarige nordische Mensch ist, ist ja hinreichend bekannt und nur wieder ein Beweis dafür, daß starke Pigmentierung mit großer Lebensaktivität (was nicht auch Kulturaktivität bedeutet, sondern sich im Natürlichen erschöpft) einhergeht. Interessant ist übrigens, daß Rothaarige fast immer etwas außergewöhnliche Typen sind, im guten und schlechten Sinn.

Mit G o e t h e möchten wir schließlich auch danach fragen, „ob denn nicht alle Menschenbildung und -farbe gleich schön und nur durch Gewohnheit und Eigendünkel einer der anderen vorgezogen werde. Wir getrauen uns aber im Gefolg alles dessen, was bisher vorgekommen, zu behaupten, daß der weiße Mensch, d. h. derjenige, dessen Oberfläche vom Weißen ins Gelbliche, Bräunliche, Rötliche spielt, kurz, dessen Oberfläche am gleichgültigsten erscheint, am wenigsten sich zu irgend etwas Besonderem hinneigt, der schönste sei".

Die Augenfarbe fügt sich ganz in das übrige Bild der Oberflächenfarbe des Menschen ein: auch hier beim nordischen Menschen eine zunehmende Pigmentverarmung; denn das blaue Auge erscheint nur deshalb blau, weil es sich um eine pigmentlose, als trübe Substanz farbig wirkende Regenbogenhaut vor einem schwarzen Hintergrund handelt. Auch bei den braunäugigen nordischen Typen herrscht in frühester Kindheit ja immer eine mehr oder weniger dunkelblaue Farbe der Augen vor, so daß das blaue Auge wohl als das für den Menschen in der Farbe „gleichgültigste" und auch typischste erscheinen muß.

So deutet die neutrale Oberflächenfarbe des Menschen, die im Ideal etwa auch in den Vorstellungen der Engel im reinen „unschuldigen" Weiß symbolisch verkörpert ist, eindrucksvoll auf ein reich entwickeltes Innenleben hin, das sich aber nicht durch „den Körper hindurch" triebhaft zeigt (das Triebleben des Menschen ist ja zugunsten des Verstandes sehr verkümmert), sondern eben gerade seelisch-geistig in Erscheinung treten kann.

4. Nachbarliche und kosmische Beziehungen der Farben; Farbensymbolik.

Farbenwertung.

Keine Kultur der Erde ist ohne erkennbaren Ausdruck im Farbigen geblieben. Diese Äußerung in der Farbe kann zunächst ganz zwanglos, und ohne auf das Künstlerische einzugehen, aus einer angeboren subjektiven Haltung verstanden werden, die nur insofern naturwissenschaftlich untersucht werden kann, als sie gleichsam wie ein Artmerkmal zu betrachten ist. Rein biologisch gesehen, gehören ja auch die Äußerungen in Brauchtum, Sitte und Kunst zum Art- bzw. Rassetypischen des Menschen, und man wird sie in derselben Weise zu erkennen streben wie etwa die angeborenen Triebhandlungen oder auch die Organisation (die letztlich als Übergriff auch über dem Instinkt thront) eines Tieres. Wie sich etwa ein Tier durch besondere Farbenpracht auszeichnet oder durch ein bestimmtes, arttypisches Verhalten, so zeigen etwa die Menschen, auf deren Oberfläche sich keine bunten Farben befinden, gewisse Neigungen zu dieser oder jener Farbe — und man kann beobachten, daß diese Neigungen kultur- bzw. rassebedingt sind. Die Vorliebe für warme Farben in den Kulturen der Mittelmeerländer (Ägypter, Griechen, Römer und heutige Mittelmeeranwohner) ist ja bekannt, und nur teilweise läßt sich diese aus der ja tatsächlich anzunehmenden Steigerung des Farbensehens innerhalb langer Zeitläufte (zunächst nur auf Rot, Gelb ansprechend, später erst auch Grün und Blau unterscheidend) erklären, denn die heutigen Südeuropäer sind voll farbentüchtig[1]) und haben doch noch dieselben bevorzugten Farben.

[1]) Allerdings vermögen südliche Rassen auf der blauen Seite des Spektrums weniger weit vorzudringen als nördliche; doch macht das praktisch nichts aus. Hingegen wird häufig die Ansicht geäußert, daß vor der früh-

Eine so einseitige Vorliebe für Gold und besonders Rot wie bei den Römern usw. finden wir bei den reiner nordischen Kulturen, auch bei den Indern, Persern, Chinesen und Japanern nicht. Bei ihnen gibt es zwar bestimmte Vorzugs- und Festfarben, aber im allgemeinen streben sie doch eine Lichterfüllung durch alle Farben an.

Die Vorliebe für gewisse Farben erklärt sich natürlich aus der Empfindungseigenart, die jede Farbe auslöst. Wenn wir dem Gelben und Roten aktiven Charakter zusprechen mußten, wenn wir sahen, daß diese Farben in der Natur sehr häufig zur klaren Verwirklichung dieses Charakters kommen und die Farbenwertung daher aus dem Bereich des Individuell-Subjektiven gehoben wird, so scheint es kein Wunder zu sein, wenn Völker oder Menschen, die eine erhöhte Lebensaktivität zeigen, auch die Farben bevorzugen, die dieser entsprechen. Ein grelles Rot wird auch von den farbigen Rassen allenthalben als Lieblingsfarbe angesprochen; es entspricht ihrer noch stark entwickelten Triebhaftigkeit. Besonders aufschlußreich auch im Hinblick auf die Verhältnisse im Tierreich sind die Beziehungen des Roten zur geschlechtlichen Liebe, die man nicht nur in unserer Farbensymbolik findet, sondern die sich u. a. auch in Penistrachten gewisser Negerstämme oder dergleichen äußert. Bei den Germanen im weitesten Sinn ist dieses Rot nicht zur „Nationalfarbe" erklärt worden, sondern tritt nur dort auf, wo es hinpaßt, also im Kampf (die alten Germanen färbten sich ihre Haare wohl mit Zinnober rot, um den Gegner einzuschüchtern!), bei besonderen Festlichkeiten usw. Es ist aber keineswegs die Lieblingsfarbe schlechthin. Wem Rot die Lieblingsfarbe ist, verfügt häufig über einen besonderen Kräftevorrat, der nicht selten auf erotischem Gebiet liegt. Man beobachte die Frauen, die sich gern rote Schuhe kaufen, sich rot färben lassen, am liebsten rote Kleider tragen usw., und vergleiche sie mit den Menschen, die etwa Blau oder Grün als Lieblingsfarbe angeben! Jede Befragung im Bekanntenkreis zeigt,

griechischen Zeit Blau unbekannt war. — Kinder bis zum 34. Monat erkennen Gelb, Rot, Violett; seltener Grün und zuletzt (gegen Ende des 3. Lebensjahres) Blau. In der polynesischen Malerei, soweit sie bodenständig ist, kennt man ebenfalls nur Schwarz, Gelb, Rot, ausnahmsweise auch Grün; Blau fehlt aber ganz.

daß fast alle Farben zur Lieblingsfarbe erklärt werden können. Die Tatsache, daß es überhaupt Lieblingsfarben gibt, zeigt eine Beziehung zwischen Charakter und Farbenwesen. Denn — um beim Beispiel des Roten zu bleiben — das Rot wird eben als einem lebenskräftigen und lebensbejahenden Wesen entsprechend angesehen. Diese Farbenwertung ist keineswegs individuell subjektiv, sondern allgemein menschlich. Ebenso erscheinen auch die Wertungen der anderen Farben durchaus allgemeingültig bei allen Menschen und Völkern, so etwa das Blau als keusch oder kalt — je nach der Tönung —, das Gelb als klar und mitleidlos bzw. als strahlend-heiter oder (wenn leicht beschmutzt) als Farbe des Neides usw. Hier sprechen sich Empfindungswerte der Farben aus, die zwar im Subjektiven wurzeln, die aber insofern auch objektiv sind, als sie einer bestimmten Reizauslösung im physiologischen Sinn entsprechen. Ohne diese Eindeutigkeit der Empfindungsauslösung wäre das Kapitel Farbensymbolik überhaupt nicht wissenschaftlich darzustellen. Eine Erhärtung der Objektivität des Farbencharakters gewährt das gleichsinnige Reagieren der Tiere auf die Farben, wie wir es im vorigen Kapitel behandelten. Jedoch kommen hier gerade recht aufschlußreiche Abweichungen von unseren Empfindungen vor. So z. B. die von O. Heinroth mitgeteilte Beobachtung, daß die Schafstelze (ein vorwiegend gelb gefärbter Vogel) vor Blau eine geradezu läppische Furcht hat[1]). Nach Zweckmäßigkeitsgesichtspunkten läßt sich dieses Verhalten wohl kaum erklären, vielmehr müssen wir hier die Beziehung der reizauslösenden Farbe zur Eigenfarbe erkennen, indem ja Blau und Gelb Gegenfarben sind. Der australische Seidenlaubenvogel ist stahlblau mit leuchtend blauen Augen. Seine auffällige Vorliebe für alles Blaue ist

[1]) Auch andere gelbe Vögel (Goldammer, Gelbspötter) verhalten sich ähnlich. Es ist zwar selbstverständlich, aber doch zur Beurteilung der hier maßgebenden Betrachtungsweise wertvoll zu wissen, daß gelbe Kanarienvögel eine solche Blauscheu nicht oder nur in geringem Maß zeigen — sie sind eben von Natur aus grünlichgrau, und die Beziehung der gelben Färbung zur Blauscheu ist nicht kausal erklärbar. Und doch ist sie da. Hier kommt wieder einmal eine höhere Gesetzlichkeit zum Vorschein, die die übliche mechanistische Forschung, der der sinnvoll ordnende Geist im Wirken der Natur unbekannt ist, überhaupt nicht zu beurteilen vermag.

in diesem Zusammenhang bedeutsam. Beim Menschen spielt, wie wir sahen, die Eigenfarbe keine wesentliche Rolle, weil nirgends eine ausgesprochene Buntheit des menschlichen Körpers oder seiner Oberfläche vorhanden ist. Wenn aber die Haut einer bestimmten Farbe zuneigt, so lassen sich doch ganz interessante Auswirkungen auf die Farbenwertung feststellen. So hat für den Japaner Gelb keineswegs einen unangenehmen „Beigeschmack", im Gegenteil wird es zu hohen Würden erhoben (kaiserliches Gelb!). Für ein Rebhuhn ist nach Heinroths Beobachtungen die rostrote Farbe sehr verlockend und anziehend. Um das zu erklären, glaube ich daran erinnern zu müssen, daß diese Vögel ja einen rostroten Schwanz besitzen, das ihnen bei den Herdenflügen wohl eine vertraute Kameradschaftsfarbe zu sein dünkt, denn vom „Vordermann" fällt gerade diese rostrote Farbe am meisten auf. Rostrot wird für ein Rebhuhn also gleichsam Kennfarbe sein und kann deshalb niemals unangenehme Gefühle auslösen. Für den Birkhahn dagegen wird die rotbraune Schürze der Frau Heinroth, die dem Rebhuhn so gefiel, zum erregenden Element. Rotbraun bis dunkelrot sind ja in der Tat auch die Augen-„Rosen" des Birkhahns, die für den Nebenbuhler ein Signal für einen übermächtigen balzenden Gegner sind, wie Heinroths Studien beweisen. Es mag hier darauf hingewiesen werden, daß der Birkhahn bei sich selber das Rot, das doch unmittelbar in der Umgebung des Auges steht, gar nicht wahrnehmen kann und daß der Vogel sich also — um es einmal naiv auszudrücken — selbst gar nicht für rot hält und „deshalb" vielleicht diese Farbe bei einem Genossen gerade als so besonders erregend empfindet. Für denselben Birkhahn, der das ihm unheimliche Rot der fremden Augenschwielen fürchtet, weckt das dunkle Blau die Vorstellung eines Nebenbuhlers, dessen man sich zu entledigen hat. Das Hals- und Brustgefieder des Vogels ist ja schön stahlblau-glänzend schwarz; selbstverständlich vermag er diese Farbe bei sich selber wahrzunehmen, so daß es in der Tat darauf ankommen kann, wo ein Tier seine Farbe trägt, um sich zu dieser einmal freundlich, andermal rasend zu stellen. Die Lieblingsfarben der Tiere — man kann davon unter gewissen Einschränkungen ruhig sprechen — sind nicht selten auch die Farben der Nahrung, so etwa die Fleischfarbe für viele

Raubtiere, aber keineswegs läßt sich das ganze Problem auf so eine einfache biologische Formel bringen.

Immerhin geht aus dem Gesagten wohl eindeutig hervor, daß der Mensch mit seiner begierdelosen, unbunten Hautfarbe (besonders der „weiße“ oder „gelbe“ Mensch) gleichsam den allgemeingültigsten Untergrund zur Farbenwertung stellt, weil er selbst die Wertung als Unbeteiligter vornehmen kann.

Diese Farbenwertung hat ihre Grundlage nicht in biologischen Zweckgesetzlichkeiten, sondern im Urphänomen der menschlichen Empfindung überhaupt. Die Gefühlsausdrücke für verschiedene Sinnesgebiete sind grundsätzlich die gleichen. So kennen wir warme Farben und kalte Farben, vermengen also Temperaturempfindungen mit Gesichtseindrücken, obwohl man rein naturwissenschaftlich von einer warmen Farbe nicht sprechen kann. Wir sprechen von schwerer und leichter Musik, von Farbtönen, Farbakkorden und Harmonien; eine farbige Erscheinung kann „abklingen“, ein grelles Rot vermag zu schreien und zu jauchzen, dunkle Farben scheinen uns mit tieferen Tönen, hellere mit höheren Tönen verwandt zu sein, gewisse Farbenakkorde tragen Dur-, andere Moll-Charakter usf. Alle derartigen Entsprechungen scheinen wirklich vorzuliegen und dennoch sind sie nicht unmittelbar zu beweisen. Besonders stark beschäftigte man sich mit dem Verhältnis von Farbe und Ton, weshalb wir eine kurze Besprechung dieses Gebietes einschalten.

Farbe und Ton.

Bei der Einteilung der Spektralfarben war bereits Newton bestrebt, die Hauptfarben in Beziehung zur Tonleiter zu bringen, indem der Engländer sieben Stufen unterschied. Seitdem ist das Problem, das auch vor Newton schon zur Behandlung stand, immer wieder aufgegriffen worden und hat so viele Bearbeiter gefunden, daß wir von einer historischen Übersicht ganz absehen wollen, zumal diese bereits durch eine Dissertation F. Mahlings[1]) gegeben worden ist. Es hat auch

[1]) Zur Geschichte des Problems wechselseitiger Beziehungen zwischen Ton und Farbe. Berlin 1923. — Vgl. ferner A. Argelander, Das Farbenhören, Jena 1927, und H. L. Stoltenberg, Reine Farbkunst in Raum und Zeit, Berlin 1937.

nicht an praktischen Versuchen gefehlt, die Farben mit Tönen zusammenzustellen, wie es u. a. das Laszlosche Farbtonklavier und andere Licht-Tonorgeln beweisen. Auch Bühler (l. c.) gibt in seinem Buch stets die Tonarten an, denen eine bestimmte Farbe entspricht, und die vielen Berichte über das Farbenhören bei Musik[1]) unterstützten die Versuche aufs beste, hatte man doch hier anscheinend eine Tatsache der Sinnesempfindungen vor Augen („synästhetische Phänomene"). „Das Gesamtwesen eines Orchesterstückes", schreibt Stoltenberg (l. c.), „wird mir zu einem Farbenteppich, verschieden je nachdem, wie viele Klangfarben, wie große Tonhöhenunterschiede dies Stück hat, wie gleichmäßig oder ungleichmäßig es ist, ob mehr geradlinig oder mehr kraus, mehr einlinig oder vielverschiedenlinig, mit vielen kleinen dünnen Strichen oder aber mit großen, breiten Bändern." Diese Farb-Ton-Erlebnisse gehen bei Tieck[2]) so weit, daß er die Musik wohl als alleinwertig bezeichnet, aber glaubt, die Malerei nur mit Hilfe der musikalischen Untermalung gelten lassen zu können. Es gibt gewiß Bilder, bei denen man Musik hört, und wenn es nur das Brausen des Sturms oder die Brandung des Meeres ist, genau so wie man bei einem Musikstück herrliche Landschaftserlebnisse haben kann. Aber diese Entsprechungen sind alle derartig subjektiv verschieden und von der Erfahrung und Vorstellungswelt des einzelnen abhängig, daß sich hier niemals eine naturwissenschaftliche Grundlage schaffen lassen wird. Die Farbformen und Tonformen sind hier ja immer in gewisser Weise nur ähnlich, sie bauen nur auf ein einheitliches Empfinden auf, sie sind aber nicht gleich. In der reinen Farbenordnung hingegen erscheinen Farbformen und Tonformen wirklich gleich. In der einfachen Farb- und Tonfolge haben wir beidemal ein schnelles oder langsames Wechseln, große oder kleine Intervalle. Doch fehlt es uns an einer objektiven Grundlage, etwa für einen bestimmten Ton ein für allemal eine bestimmte Farbe zu wählen, und die Versuche Eberhards, die alphabetisch mit a = blau beginnt, kommen uns doch noch zu willkürlich vor. Zudem kann ja von einer völligen Gleichheit zwischen

---

[1]) Vgl. hierzu Wehofer, Ztschr. f. angew. Psycholog. 1913.

[2]) Phantasien über die Kunst, Hamburg 1819.

Farbe und Ton schon deshalb nicht die Rede sein, weil eine Buntfarbe ohne Sprung auf dem Kreisweg gleich zu sich selbst wieder zurückkommen kann, was ein Ton nicht vermag, weil dessen Gleichton eine Oktave höher oder tiefer liegt. Auch bildet die Grauleiter (von Schwarz bis Weiß) eine kontinuierliche Reihe, was es bei Tönen nicht gibt, und ferner erscheint uns ein Zusammenanschlagen von gewissen Tönen harmonisch, während Farbenakkorde nur ungleichzeitig angeschlagen werden dürfen, soll sich das Bunte nicht in ein schmutziges Grau auflösen. Unser Ohr empfindet eben doch grundsätzlich anders als das Auge, und an dieser wichtigen Tatsache darf einfach nicht vorbeigegangen werden. So bleibt schließlich doch wohl der Satz Goethes auch heute noch maßgebend: „Der Fehler, den man hierbei begangen, beruhet nur auf Folgendem: Vergleichen lassen sich Farbe und Ton untereinander auf keine Weise; aber beide lassen sich auf eine höhere Formel beziehen, aus einer höheren Formel beide, jedoch jedes für sich, ableiten."

Erst in neuester Zeit hat sich nun H. H. Weber[1]) veranlaßt gesehen, nach dieser „höheren Formel" Goethes zu fragen. Eine solche höhere Formel müßte wohl nur der Ausdruck einer für verschiedene oder alle Sinnesgebiete geltenden allgemeinen Strukturierung des Wahrnehmungsvermögens sein, dessen Einheitlichkeit ja durch das Reizgrößengesetz von Weber und Fechner bereits im Grunde erwiesen scheint. Indessen läßt sich dieses Gesetz, wie Fechner selbst angibt, nicht auf die Farben ausdehnen, weil die gleichen merkbaren Unterschiede der Schwingungszahlen nicht etwa den Schwingungszahlen der Farben entsprechen. Trotz der Nichtanwendbarkeit dieses Gesetzes also (das sich logarithmisch ausdrücken läßt) entspricht die Lage der Hauptfarben im Spektrum den Stufen einer logarithmischen Reihe, wie das ja auch beim „Tonspektrum" der Fall ist. „Das Wahrnehmungsvermögen ordnet die Beziehungen zwischen Reiz und Empfindung nach möglichst einfachen Verhältnissen" (Weber). Wollen wir beim Farbsystem von der Oktave ausgehen, so ergibt sich die Schwierigkeit, daß

[1]) Das Farbe-Ton-Problem und die Struktur des Wahrnehmungsvermögens, Forschungen und Fortschritte 14. Jg. S. 269. 1938. — (Vgl. auch S. 47.)

innerhalb des sichtbaren Spektrums eine vollständige Oktave nicht vorhanden ist. Theoretisch ließe sich aus der logarithmischen Reihe folgern, daß ungefähr bei 790 $m\mu$ ein zweites Violett und bei 350 $m\mu$ ein zweites Rot liegen müßte, wenn die Oktavenbeziehung in der Farbenreihe Geltung hätte. Nach Weber hat nun ursprünglich das Farbensehen in der Tat eine ganze Oktave umfaßt (während man die genannten Wellenlängen immer noch rot bzw. violett sieht), worauf der Zustand bei den Fischen hinzuweisen scheint, die bei 370 $m\mu$ tatsächlich eine dem Rot um 710—750 $m\mu$ verwechselbare Rotempfindung besitzen. Nimmt man mit Weber nunmehr dieses zweite Rot als bestehend oder doch stammesgeschichtlich ursprünglich vorhanden an, dann ließe sich für die einzelnen Spektralfarben diejenige Zahl errechnen, die auch den Wellenlängen entspricht (das muß im einzelnen im Original nachgelesen werden). Jedenfalls werden durch die Webersche Arbeit Farben- und Tonspektrum auf eine „höhere" Wahrnehmungsformel zurückgeführt und das Wahrnehmungsvermögen einer Strukturanalyse unterzogen. Der Farbendreiklang Rot—Gelb—Blau entspräche c—e—g (eigentlich gis).

Hiernach wäre also die Entsprechung oder doch die Verwandtschaft von Farbe und Ton begründet in der Struktur des Wahrnehmungsvermögens, nicht etwa in den Farben oder Tönen selber. Man muß dabei voraussetzen, daß die Ganzheit der physiologischen und psychologischen Gegebenheiten, also das Wahrnehmungsvermögen, nicht nur die Reize der Außenwelt aufnimmt, sondern diese auch strukturiert, was auf eine Umformung, Zerlegung und Kennzeichnung der Reizmannigfaltigkeit hinauslaufen wird. Weber sieht also die „höhere Formel" Goethes ganz und gar im Menschen liegen, so daß es eine vom Menschen unabhängige Verwandtschaft zwischen Farbe und Ton nicht gibt. Man kann hier einige Zweifel anmelden, zumal da man sich doch fragen muß, ob denn Goethe bei seiner höheren Formel wirklich an eine mathematische Formel dachte. Denn gerade die Art und Weise, wie T o n und F a r b e aus der gleichen höheren (objektiven und von uns u n a b h ä n g i g e n) Gesetzlichkeit der P o l a r i t ä t (Dur und Moll, Hell und Dunkel) beherrscht sind, schwebte wohl Goethe bei seiner Erklärung vor. Die „höhere Formel" ist ein Urphänomen und als solches unzerdenkbar, unzerlegbar. Gewiß sind die Weberschen Ausführungen sehr förderlich, aber sie stellen doch keine Lösung des Problems dar, sondern nur eine Vereinfachung durch die einseitige, heute in der Physik und Physiologie geltende Anschauung, Farben seien nur Empfindungen gewisser Wellenlängen. Natürlich spielt die sinnesphysiologische gemeinsame Grundlage eine wichtige Rolle für die Gleichartigkeit und Ähnlichkeit von Reizempfindungen, die Empfindungsskala ist sozusagen immer dieselbe, aber es ist immer noch fraglich, ob damit das Farbe-Ton-Problem gelöst ist, abgesehen von der Hypothese der ursprünglich eine Oktave umfassenden Sehfähigkeit. Eine Seite des Problems wird geklärt, aber auf die in der Natur selbst wirksame höhere und beherrschende Gesetzmäßigkeit wird nicht hingewiesen[1]). Nur aber, weil diese Gesetzlichkeit auf einer grundsätzlich höheren Ebene als der der von ihr beherrschten Phänomene steht, ist eine direkte Vergleichung von Farbe und Ton heute und in Zukunft unmöglich. Denn im Grunde ist das ganze Problem nur kosmisch lösbar, niemals kausalanalytisch. Erst auf dem Umweg über den „Logos", der Ton und Farbe in sich schließt, einerseits und die künstlerische Empfindung des Menschen andererseits kann die Frage der Einheit von Farbe und Ton angeschnitten werden.

Die Farbe in kosmischer und symbolischer Wertung.

Nach unserer Abschweifung in das etwas unbefriedigende Kapitel der Farbe-Ton-Beziehung kehren wir zurück zu dem Problem der Lieblingsfarben und Farbenwertung, die in der Symbolik überreich zum Ausdruck kommt. Je nachdem, wie die Farbe behandelt wird, welche Eigenschaft man ihr zumaß oder zumißt, läßt sich eine freundliche oder feindliche Stellung zu ihr ablesen, und es lohnt gewiß der Mühe, in Kürze aufzuzeigen, ob hinsichtlich dieser Wertung eine allgemeine, also überindividuelle Gesetzlichkeit vorliegt und inwiefern sich aus einer solchen Wertung gewonnene Wesenserkenntnisse der Farbe mit den Ausführungen decken, die wir auf Grund des Studiums der Farbe bisher erhielten.

[1]) Vgl. auch Kap. 2, letzten Abschnitt (vom Sehen).

Da verdient zunächst einmal die mittelalterliche Heilkunde in Verbindung mit dem Edelsteinglauben besondere Erwähnung. Es handelt sich etwa darum, die Gelbsucht mit einem gelben Stein, Krankheiten, die mit Blut etwas zu tun haben, mit einem roten Stein zu behandeln (similia similibus!). Derartige Vorstellungen müssen dann als barer und geradezu kindischer Unsinn erscheinen, wenn man die Dinge nur in ihrer nüchternsten Realität ohne Bezug auf die seelische Wirkung ansieht, wenn man — in einem Wort — überhaupt alle Dinge ihres Wesens entkleidet. Vom heutigen Wissensstandpunkt aus wäre es allerdings verkehrt, hier gar eine Lanze für jene Methoden brechen zu wollen oder eine wirkliche Heilwirkung im medizinischen Sinn (und nicht auf Grund der Suggestion) als möglich hinzustellen, aber es darf doch nicht verhehlt werden, daß diese naive Denk- und Heilweise ein gewisses Verständnis für das Lebendige, das Wesen der Farbe verrät. Es soll sich da also eine Verwandtschaft dessen kundgeben, was z. B. rot ist — ein roter Karneol und Blut vielleicht. Wir sahen nun, daß die Edelsteine die Farben nicht organisch, sondern ziemlich abstrakt tragen, daß sich hier die Farben sozusagen nicht mit dem Wesen des Steins verquicken und deshalb geradezu als Farben an sich (farbige Erden und andere Rohstoffe für Malerfarben, Farben im eigentlichen Sinn) in Erscheinung treten. Im organischen Reich aber tragen die Farben verbindlichen Charakter; zum Blut gehört das Rot, wie das Grün zum Chlorophyll untrennbare Beziehungen hat. Das Wesen des Blutes muß sich also sozusagen im Roten vollkommen ausdrücken, wie sich umgekehrt das Rot organisch im Blut „festsetzt", wo es sinngemäß zu erwarten wäre. Von diesem Standpunkt aus wäre es nun gar nicht ein solcher Unsinn, die Kräfte des Blutes durch Hinzufügen des Roten als solchem zu stärken. Freilich handelt es sich hier mehr um einen symbolischen Akt, dem keine praktische Bedeutung zukommt. Das homöopathische Prinzip ist ja grundsätzlich auch nicht viel anders, wenn man auch die Heilung auf Grund von reinen Erkenntnissen und nicht von unklaren Ahnungen erstrebt. Gewiß, nur wenn man die Farben als etwas Wesenhaftes gelten lassen will und in ihnen nicht nur elektromagnetische Wellenschwingungen sieht, besteht die Möglichkeit, den Edelsteinglauben wenigstens im Grunde zu verstehen. Übrigens könnte selbst die Betrachtung der Farben als Schwingungen zu einer Bestätigung der Heilwirkung von Farben führen; muß man sich doch daran erinnern, wie heute Strahlen anderer Wellenlängen weitgehend in die Medizin Eingang gefunden haben. Die roten Strahlen, also die langwelligsten Lichter, dringen am tiefsten in den Körper ein und verwandeln sich dort in Wärme; es wäre nicht ausgeschlossen, daß sie eine bestimmte physiologische Wirkung ausüben, wie das ja von dem jenseits der Sichtbarkeit liegenden Ultraviolett bekannt ist, das die schützende Pigmentwanderung auslöst (Bräunung) und weiterhin die Vorstufe des antirachitischen Vitamins zur Tätigkeit anregt. Von den langwelligen (über 700 mμ) roten Strahlen ist eine bei Ratten wachstumsfördernde Wirkung bekannt, und besonders wichtig ist die Rotlichtbehandlung bei Verletzungen, wo das Licht eine Blutfülle (Hyperämie) wie bei einer Entzündung (die ja eine Abwehrreaktion ist) hervorruft. Rot wirkt also aktiv auf Blut! Auch regt rotes Licht die Hormondrüsen an, die ja in die Blutbahn sezernieren. — Blau wirkt im dynamischen Gegensatz zu Rot entblutend bei Blutergüssen („Blaue Flecke"). Die gesunde Wirkung des Grün aufs Auge ist ja bekannt. In diesem Zusammenhang interessiert die Ehrenwaldsche Entdeckung des Strahlensinnes. Wurden Personen mit lichtdicht verbundenen Augen und mit waagrecht vorgestreckten Armen mit Rot auf Gesicht und Hals bestrahlt, so hatten die Arme die Neigung, sich nach der Lichtquelle hin zu bewegen, während bei Blaubestrahlung die gegenteilige Bewegung (vom Licht weg) erfolgte[1]. Doch wohl ein Beweis dafür, wie Farben auf den Körper wirken können, ohne Vermittlung des Auges.

Bei der Verwendung der farbigen Edelsteine zu Heilzwecken ist das eine klar, daß der Edelstein als solcher keine oder doch keine wesentliche Rolle spielt, sondern daß es vielmehr fast ausschließlich auf die Farbe allein ankommt. Das sieht man schon aus den Zusammenstellungen der Heilsteine, wobei wahllos gelbe Steine nebeneinander stehen und rote, ohne Rücksicht darauf, ob es sich um Rubin, Hyazinth oder Karneol handelt.

[1]) Übrigens eine unerwartete Bestätigung für unsere Ansicht, daß Rot zum Lichten, Blau zum Dunklen führt.

Ebendiese Wertung allein nach der Farbe zeigt sich recht deutlich auch bei den sog. Monatssteinen. Blättert man irgendeinen astrologischen Kalender durch oder ein astrologisches Edelsteinbuch[1]), so stößt man immer wieder auf Angaben, daß der im Mai Geborene etwa Smaragd als Glücksbringer verehren soll, aber auch mit Erfolg grünen Achat und andere grüne Steine benutzen könne, daß der Juligeborene Rubin oder Karneol als Monatsstein tragen solle usw. Die „amtlichen", auch für den Juwelier wichtigen Listen sehen dann etwa so aus:

Januar: Hyazinth und Granat (beides dunkelrot).
Februar: Amethyst (violett).
März: Heliotrop und Turmalin (beides grün und rot).
April: Saphir (blau). Allerdings wird auch Diamant angegeben, doch dürfte es sich hier um die geschäftliche Notwendigkeit handeln, auch diesen Stein anzubieten, der sonst in alten Verzeichnissen der Monatssteine zu fehlen pflegt!
Mai: Achat, Smaragd und grüner Beryll (alles grün).
Juni: Chalzedon und Mondstein (bläuliche bis weißliche Steine).
Juli: Rubin und Karneol (blutrot).
August: Onyx und Sardonyx (schwarzbraun).
September: Chrysolith und Chrysoberyll (gelbgrün).
Oktober: Aquamarin (wasserblau), neuerdings auch Opal (wasser-allfarbig).
November: Topas (goldgelb).
Dezember: Türkis und Chrysopras (grünblau bis apfelgrün).

Die moderne Literatur, auch das angeführte Buch von Holstein und Koch, vermag keine einleuchtende Erklärung dafür zu geben, warum die Zuordnung der Edelsteine zu den Monaten so und nicht anders ist. Gewiß handelt es sich um alte Überlieferungen, die man heute in ihrem Sinngehalt kaum mehr richtig versteht und bei denen sich vielleicht durch Kalenderänderungen auch Unstimmigkeiten für die heutige Zeiteinteilung ergeben mußten. Denn die Monate als solche werden gewöhnlich wieder mit anderen Farben bezeichnet, in der Weise, daß der Mai grün ist und daß die Farbe über das Gelb allmählich im Herbst zum Rot reift. Die Adventszeit erhielte dann das mystische keimhafte Violett und der Winter zeichnete sich durch die kälteste Farbe, das Blau, aus, aus dem dann

[1]) Als das ernsthafteste darf wohl gelten: Holstein-Koch, Die Seele der Edelsteine. Verlag R. Hummel.

ahnendes Blaugrün entspringt, das im Mai vollends ergrünt, um den Kreis zu schließen. Diese Farbenordnung stimmt aber wieder nicht mit der Zuordnung der Farben zu den Tierkreisbildern überein, die ja auch monatliche Bedeutung haben.

Sollten dem Wesen einer Krankheit oder eines Organes gewisse Farben entsprechen, so suchte man auch zu den Planeten die ihnen gemäße Farbe, die weniger durch die Eigenfarbe des Planeten als durch dessen astrologischen Charakter gekennzeichnet ist.

Sonne: Chrysoberyll und Diamant (gelbgrün als hellste Buntheit und farblos. Hierzu Tierkreisbild Löwe).
Mond: Perle, Mondstein (Smaragd?).
Mars: Rubin (Widder) und Granat (Skorpion) — beides rot; Kriegsgott!
Merkur: Topas (Zwillinge), gelber Korund (Jungfrau).
Jupiter: Saphir und Lapis (Schütze), Amethyst (Fische).
Venus: Padparadscha (Waage), Hyazinth (Stier), also morgenrotfarbig.
Saturn: Aquamarin (Wassermann), Spinell, blau (Steinbock); beides kalte Wasserfarben, dem „bösen" Charakter entsprechend.

Gelingt es uns auch nicht, infolge allzu großer Unstimmigkeiten in alle diese Dinge einen Sinn zu bringen, so gibt es doch hier für die Kennzeichnung des Farbenwesens allerlei Wissenswertes zu erfahren, und darüber hinaus zeigt sich das Bestreben, die Farben aus dem Subjektiven in das Kosmische hinauszuverlagern und eine enge Bindung des Menschen zum kosmischen Geschehen anzunehmen. Dieser Gedanke aber, der wie alle Astrologie von der rationalen Wissenschaft durchaus abgelehnt werden muß, heischt doch Beachtung, denn die Beziehung des irdischen Lebens zum Licht ganz allgemein ist so klar, daß es gerade in der Naturwissenschaft eine rein irdische Betrachtung gar nicht geben kann. Man denke nur daran, wie die Sonnenflecken das Wetter beeinflussen und wie das Wetter sich wieder auf das Gemüt legt, um eine kleine Vorstellung vom kosmischen Einfluß auf irdisches Geschehen zu bekommen. Man muß nun einsehen, daß ja das Licht potentiell alle Farben in sich trägt und daß sich diese Farben gewissermaßen im Irdischen festgesetzt haben, so wie wir das in dem Kapitel über die farbige Natur ausführten. Die Farben spiegeln also gewissermaßen das himmlische Licht in verschiedener Weise und geben ihm dadurch einen Charakter. Das aber, was sie auf Erden darstellen, muß auch im Kosmischen, wenigstens potentiell, schon da sein. Maßstab und Zentrum für die kosmische Wertung ist natürlich immer der Mensch. Besteht irgendein Zusammenhang der Sternenwelt mit der Erdenwelt, einschließlich des menschlichen Schicksals, so wird sich dieser Zusammenhang freilich nicht kausal erklären lassen, aber auf einer „höheren Ebene", vielleicht betrachtbar in dem Stadium, als die Sonne die Erde noch in sich trug und damit potentiell alles irdische Leben, können wohl innere Zusammenhänge da sein. Bereits der Zusammenhang zwischen den Planeten mit der Sonne ist eigentlich recht mysteriös, denn wir wissen nicht, wodurch eine Anziehung im leeren Weltenraum gewährleistet werden könnte. In unserem Fall liegt der Zusammenhalt aller Dinge in dem alles erzeugenden Licht, dessen Charakter als Vorstufe des Geistigen, Organischen und Anorganischen wir ja bereits kennzeichneten.

Was nun freilich bei dem behandelten Thema läppischer Aberglaube ist, der sich vielleicht aus altweisen astrologischen Erkenntnissen entwickelt hat, und was noch eine tiefe Wahrheit in sich trägt, die es zu entschleiern gilt, das können und wollen wir hier nicht untersuchen. Wir warnen nur davor, etwas, das man nicht versteht, gleich abzulehnen. Unsere Wissenschaft ist, rein zeitlich betrachtet, noch außerordentlich jung, und vielleicht schaffen weitere Jahrzehnte und Jahrhunderte Methoden, die dann doch vielleicht wieder zu einer Bestätigung jener alten Weistümer führen. Im Kleinen hat uns die Erfahrung ja schon jetzt klüger gemacht; ich erinnere nur an die alten Bauernregeln, die so oft heute von der Wissenschaft als richtig erwiesen werden ebenso wie die Heilmethoden (Harnbehandlung!), die von den Gelehrten zuerst heftigst als Aberglauben bekämpft wurden und dann im wissenschaftlichen Gewand Eingang in die Medizin fanden. Wir wissen heute — und diese Erkenntnis gründet sich nicht zuletzt auf Hanns Fischers Lebenswerk —, daß unsere Vorfahren keine Tröpfe oder Zaubergläubigen waren, sondern daß sie ein intuitiv erworbenes Wissen bewahrten, das durch ihre praktische Erfahrung nur bestätigt wurde.

Nicht unbedingt zu vergleichen mit den inneren Zusammenhängen, die die Astrologie vermutet, sind die Versuche neuerer Forscher, das Farbige mit dem Kosmischen zu verknüpfen. Denn es handelt sich im folgenden mehr um eine Parallelisierung als um einen Versuch, die innere Verwandtschaft aufzuweisen. So bei H. A. Bühler (Die Farbenwelt, Leipzig 1930), der die Farben ganz ihrem Wesen entsprechend auf dem Äquator einer Kugel anordnet, dann aber — unter Berücksichtigung der Beziehung des Gelben zum Hellen und des Blauen zum Dunklen — eine gegen die Polarachse schräg stehende Farbkreisordnung erzielt, die nun genau dem Tierkreisring um die Erde entspräche. Dadurch erhält Bühler eine Monatszuordnung der Farben. Er beginnt also mit dem tiefsten Blau beim tiefsten Stand der Sonne im Winter, nämlich im Dezember. Dann durchwandert die Sonne den Weg zum Grünen, der ja im reinen Grün der Frühlings-Tagundnachtgleiche den ersten Ruhepunkt erhält. (Grün als ruhige Farbe!) Im Grünblauen liegt gewissermaßen das Leben eingeschlossen, das sich im Lauf des Jahres entfalten wird, Grünblau ist der Schoß des Lebens. Auf eine ähnliche Erkenntnis weisen ja auch die grünblau dargestellten Marienmäntel hin, grünblau ist der Urgrund, auf dem der Weltenbaum steht (Evangeliar aus dem Bamberger Domschatz). Grünblau ist im Lauf des Mittelalters zum stehenden Symbol der Muttergottes-Farbe geworden, des aufkeimenden Lebens. Das reine Blau wäre dann der ruhende göttliche Urgrund, wogegen Blaugrün das erste Zeichen aufkeimenden Lebens ist. Auch der Morgenhimmel, der noch das Geheimnis des werdenden Tages in sich schließt, ist von jener grünlichblauen Farbe, die dann dem gelben Glanz des Tagesgestirns weicht, das sich selbst rot ankündet und rot untergeht. In der chinesischen Farbensymbolik wird ganz entsprechend der Osten mit der Farbe blaugrün gekennzeichnet, mit der Farbe des Morgendämmers. — Im Grünen nun offenbart sich das treibende, quellende Leben im Stofflichen. Gleichweit entfernt vom hellen und dunklen Pol unseres Farbenkreises bezieht sich das Grün auf die Tagundnachtgleiche. Wir stehen im Sternbild des Widders oder Donner-Thors. Ostern — die aufbrechende Natur, der „ganze Hexensabbat des Liebens und Fressens" spielt auf dem Grund des Grünen. Deshalb galt im Mittelalter bis ins 16. Jahrhundert Grün als Farbe der Liebe (Grün, althochdeutsch gerun = begehren!). Von da ist der Schritt zum Grün als Sinnbild der Hoffnung nicht weit. — Nun steigt das Grün immer mehr ins Gelbe hinauf und wird dadurch heiterer, sofern es rein bleibt; es kann sich aber um so mißliebiger geben, je dunkler und beschmutzter es aussieht. Die Farbe wird zum Sinnbild des Übermutes und Übermaßes, das der reifende Sommer bringt, aber auch zur Verschwendung der Kräfte, bis sie „vor dem Übergang ins Gelbe die Empfindung des geilen Unangenehmen" ausströmt (Bühler). Goethe sagt: „Durch eine geringe und unmerkliche Bewegung wird der schöne Eindruck des Feuers und Goldes in die Empfindung des Kotigen verwandelt und die Farbe der Ehre und Wonne zur Farbe der Schande, des Abscheus und Mißbehagens umgekehrt. Daher mögen die gelben Hüte der Bankrottierer, die gelben Ringe auf den Mänteln der Juden entstanden sein." — Im Zeichen des Krebses steht die Sonne auf der höchsten Stufe des Jahreslaufs. Im reinen Gelb erlischt das Begehren, die Fülle und Ruhe des Sonnenglanzes paßt zum Gelben. Nur das Schmutzige ist der Feind des Gelben, der es gemein macht. Gelb als Farbe des Neides. Mit Überschreiten des reinen Gelb gelangen wir zum Gold, das das Gefühl des Stetigen aufkommen läßt, weil dem Gelb hier gewissermaßen der flüchtige strahlende Charakter genommen ist, weshalb ja auch der Maler größere Flächen nicht gelb, sondern schwerer mit Gold bestreicht. Hier erhebt sich die Farbigkeit, wie Bühler sehr gut sagt, „ins Unbegreifliche, ins hohe Unerreichbare und doch Wesensnahe". Die mittelalterliche Malerei läßt die Farben auf dem Goldgrund ihr Wesen aussprechen. — Nahe verwandt mit dem Gold ist das Orange, das eigentlich „die Farbe der höheren Glut sowie den milden Abglanz der untergehenden Sonne repräsentiert" (Goethe). Doch die höchste Reife des Gelben ist im Roten zu erkennen; hier ist das Wachstum beendet, die Erfüllung ist da. Es ist die Zeit der Waage, des Ausgleichs zwischen Sommer und Winter, der Tagundnachtgleiche, die der des Frühlings (grün!) auch farblich entgegengesetzt ist. Die goldenen Ähren sind gefallen, das grüne Laub rötet sich, und die reifen Früchte zeigen rote Backen. Freudige Macht und festliche Stimmung drücken sich hier aus. Im Roten aber kündet sich beim leisesten Umschlag ein Neues: grundverschieden wirken seine Schattierungen, schreiend und wild, reif und feurig, vornehm (pompejanischrot) und würdig.

Je mehr das Rote an Gelb einbüßt, desto würdevoller erscheint es — im Purpur, den zu tragen Herrschern und obersten Richtern, den Kardinälen und anderen Würdenträgern (auch in China) vorbehalten war. Purpur ist die Farbe der höchsten Erfüllung des Lebens, die schlechthin reiffste Farbe, die alle Buntheiten in sich schließt. Im Verein mit Gelb und Violett steht das Purpurrot auf den Zierseiten des Codex aureus von St. Emmeran als Zeichen hoher Geistigkeit. Auch in der kirchlichen Farbensymbolik tritt Rot als Festesfarbe, Purpurrot vornehmlich zu Pfingsten und an den Festen der Apostel und Märtyrer in Erscheinung. Waren ursprünglich die Kirchenfarben fast nur Weiß und Schwarz, so treten uns schon im 12. Jahrhundert in der britischen Kirche auch andere Farben, besonders Purpur, entgegen[1]). Neben Weiß als der Farbe der Keuschheit spielte dieses Purpurrot als Abbild der Leiden und des Blutes Jesu eine große Rolle. Von der pfingstlichen Bedeutung des Rot als Zeichen höchster geistiger Liebe war dann der Schritt zum Symbol der brennenden Liebe in der Volkssymbolik nicht mehr weit. — Der Schritt über das Rot hinaus ins Violett bringt eine sehnende Stimmung auf, das Sinnlich-Greifbare und Prächtige ist dahin, das Übersinnliche, die Verklärung und damit aber auch die Ungeduld und das Unruhige setzen ein. Es ist die Zeit des Unerforschlichen, Geheimnisvollen. Noch weiß die Natur nichts vom wiederaufsprossenden Leben, sie versenkt sich immer tiefer in sich selbst, wird innerlicher. (Veilchenblau = Demutsfarbe!) Der Grundton der Stimmung ist nach Bühler Entsagung — und in der Tat galt Violett, das als fünfte Farbe zu den Kirchenfarben gekommen ist (Innozenz III. berichtet darüber, also ums Jahr 1200), als Fastenfarbe (und Adventssymbol). Eindeutigkeit und Klarheit spricht nie aus dem Violetten. So wie die Farbe selber einmal mehr zum Roten, andermal zum Blauen neigt, so wechselt das Streben nach dem Kardinalspurpur mit dem Sehnen im Blau ab, das unbefriedigt bleibt, wenn nicht sich zum Violetten das Lichte und Goldene versöhnend gesellt. Aber nur das helle Violett hat — obschon mitunter fast leuchtend wie bei einer Herbstaster — jenen unklaren Charakter; im tiefen und — weil

[1]) Vgl. G. Rietschel, Lehrbuch der Liturgie I. Berlin 1900.

es eine zum Dunkeln neigende Farbe ist — eigentlichen Grund, nämlich im Dunkelviolett, spricht sich das unumwunden aus, was uns im Vorwinter und Winter beherrschen muß: der Glaube an das Licht. So ist Violett zum Zeichen der hohen Geistlichkeit geworden, und auch an den Talaren der Universitätslehrer spielt es eine Rolle, weil hier das Warten auf die geistige Erfüllung Ausdruck erhält. Violett ist eine Farbe des Geheimnisses, das nur durch Glauben ruhig getragen werden kann, im Unglauben aber zu Unstetigkeit führt. So verschiedenartig ist das Violett, daß es gleichermaßen zum Zauberer wie zum Geistlichen paßt, Geheimnistuerei mit tiefem Glauben zu verbinden gestattet. Im Blauvioletten verliert das Violett an Unruhe; es wird ebenso rein wie sein goldgelbes Gegenstück. Die Lapisfarbe, die die alten Kirchenfenster schmückt, verdeutlicht uns den Eindruck, den ein solches Blauviolett macht. — Das Violett steht nun im Zeichen des Skorpions und des Schützen, also in der Totenzeit vor Advent, im Zeichen der Trauer. Und tatsächlich setzt die alte hohe Symbolik nicht das wenig verpflichtende Schwarz, sondern das Violett als Trauerfarbe an. Trauer im Violetten gibt die Gewißheit, daß sich das Geistige für eine spätere Offenbarung lebendig erhält, schwarz aber ist die hoffnungslose Trauer um den Leichnam, der die Seele mit ins Grab genommen hat. — Und nun kehren wir zum Ausgangspunkt des Farben-Jahreskreises zurück, ins tiefe Blau, zur kältesten Farbe, zur Farbe des ruhenden göttlichen Urgrunds (im blauen Himmel wohnt Gott!); es ist Weihnachten, das den Glauben der Vorweihnachtszeit in die Gewißheit wandelt, daß Gott herniederkomme. Blau ist das Zeichen der Gottesnähe — der „Tod ist überwunden" (Bühler). Das helle Blau weist auf das Verbundensein über alle irdischen Schranken hinweg: das Zeichen der Treue. Allezeit ist Blau die für Amulette bevorzugte Farbe gewesen. Wenn heute die Araber die Schwänze ihrer Tiere mit blauen Fäden durchwirken und ihre Häuser blau anstreichen, blaue Schmucksachen bevorzugen, dann tun sie es „des bösen Blickes" wegen, der sich wie alles Unheil durch das Blau vertreiben läßt. Das Blau breitet immer den Schimmer des Geistigen um sich, in dieser Beziehung ist es der Gegensatz zum Rot, das auch die Farbe des Teufels sein kann (dynamischer Gegensatz Blau und Rot,

S. 70 u. 180!). — Aus dem unendlich weiten Raum des Blauen, der geistigen Wesenheit, wird das Irdische im Grünblauen keimhaft gesäet und im Grünen geboren. Aus der Treue und Verbundenheit steigt somit die Geburt. Geburt des Lebens im Blau — Geburt der Sonne zur großen Wendezeit im ehernen Kreisen des Jahres. Wie nah wohnt doch das Blau dem Violett, wie dicht stehen sich Geburt und Tod. Durch diese Nähe schließt sich der Kreis.

Zweifellos ist die Betrachtung der Farben im natürlichen Kreislauf des Jahres und des Tages außerordentlich fruchtbar für ein tieferes Verständnis der Symbolik und der kosmischen Beziehung der Farben. Die Natur lehrt uns an Hand ihrer typischen Erscheinungen, die auftretenden Farben mit einer gewissen Vorstellung zu verbinden, jedoch diktiert sie uns hier nicht, sondern offenbart ihr innerstes Wesen und zugleich das Wesen der Farben. Dieses ist vornehmlich ein dynamisches, es ist nur in der Zeit denkbar — und am großartigsten und vollständigsten eben wieder im Jahreslauf mit seiner kosmischen Bedingtheit. Die Natur liebt nicht nur zu ihrer Zeit die bestimmten Farben und zeigt sie uns in den Pflanzen z. B. immer wieder, die ja auch dem Jahreslauf gehorchen, sondern der Mensch bringt diesen Farben auch von innen her jene seelische Wertung entgegen, die der natürlichen Vorführung entspricht — die Wertung ist ja in allen Ländern ungefähr gleich. So wäre der Mensch — hineingestellt in die Zeit, die sich farbig offenbaren muß — eigentlich von außen her ebensogut wie von innen her zu jener Wertung und Beseelung der Farben gekommen; der Unterschied zwischen subjektiv und objektiv wird auch hier unbedeutend.

Farbensymbolik ist letztlich also nichts anderes als die Erkenntnis des kosmischen Ursprungs der Farben und deren Entsprechung im Irdischen. Wiederum handelt es sich um eine Paarung des Geistigen mit dem Materialen auf einer höheren Vorstufe — wie bei der Betrachtung des Lichts. Nur aber dadurch, daß man die Farbe im Spiegel des Kosmischen und Ewigen erblickt, daß man eben ihre Sinnbildlichkeit empfindet, wird der Weg zur Kunst der Farbe frei. Ein Gemälde ist als Kunstwerk nur dann berechtigt, wenn es die Farben nach ihrem Symbolgehalt sprechen läßt. Indem der Mensch das Wesen und die Seele der Farben erkennt, indem er deren Wirken in der Natur in sich aufnimmt, kann er sie in der gleichen geistigen Schwingung wie im Naturgeschehen und im Kosmos aus sich selbst im Kunstwerk schöpferisch werden lassen. Mit der Betrachtung der Kunst des farbigen Ausdrucks gelangen wir zur höchsten Erfüllung des Lichts, das von der Sonne ausstrahlt, um aus der Natur heraus wiederum im Menschen zum Leuchten zu kommen.

5. Die Kunst der Farben.

Der Mensch schafft seine Kunstwerke aus innerer Notwendigkeit heraus. Kultur und Kunst gehören zur Erfüllung des Menschseins, ja sie machen den eigentlichen Menschen im Unterschied zum Tier erst aus. Die Entwicklung des Menschen liegt ja auf einer grundsätzlich anderen Ebene wie die des Tieres: Strebt das Tier im Sinne einseitiger Anpassung nach körperlicher Vervollkommnung, so paßt sich der Mensch der Umwelt nicht durch eine von seinem Willen unabhängige Körperveränderung an, sondern setzt sich mit ihr durch seinen Geist auseinander, der ihm zusätzliche Organe als Werkzeug und Maschine verleiht. Die Zivilisation ist im Grunde nichts anderes als die Anpassung des Menschen an seine Umwelt, die Überwindung des Kampfes ums Dasein. Die Kultur hingegen ist nicht der Anpassung und Anpassungsform an die Seite zu setzen, sondern eher mit der Herausbildung von Grundgestalten in der Natur zu vergleichen. Solche Grundtypen sind an sich zwecklos; sie liegen auf einer höheren Ebene des Verstehens, als es die des kausalgesetzlichen Verstehens ist, die die exakte Naturwissenschaft gewöhnlich allein betrachtet und wahrhaben will. Von dieser Ebene aus ist aber der Weg zur Kunst und Kultur des Menschen nicht zu finden; deren Dasein erscheint geradezu überflüssig, ebenso wie das der Religion. Und doch ist der Schritt von wahrer Wissenschaft zu Kunst und Religion nicht groß, wenn man nur die Begriffe Zivilisation und Kultur säuberlich auseinanderhält. Alle Wissenschaft, die nur dem Zweckhaften unmittelbar dient, gehört zur Zivilisation und kann Gemeingut aller geistig höher stehenden Rassen werden (technische Wissenschaft z. B.), alle Wissenschaft aber, die nur dem Erkennen der Wahrheit dient und die um letzte, zunächst vielleicht praktisch unauswertbare Fragen ringt, gehört zur Kultur — und diese ist rassisch bedingt und geartet. Nichts anderes als die Wahrheit erkennen will aber auch die Religion, die die höhere Gesetzlichkeit, das Übergeordnete und Bestimmende wiederum genau so kündet wie die Kunst.

Der Weg der Menschenentwicklung führt zu diesem Höheren. Die Kunst kann nie die Verbesserung einer Lebenslage anstreben wie die zivilisatorisch gewordene (ursprünglich aber auch zweckfreie und organisch begründete) Technik, sondern sie muß die Gesetzlichkeiten suchen, die den Menschen beherrschen, das Höhere, nach dem er innerlich strebt, an dem er sich aufrichten und reifen kann. Das ist aber nichts anderes als die kosmische und natürliche Gesetzmäßigkeit, die die Kristalle, Pflanzen, Tiere und Menschen in gleicher Weise beherrscht. Dieses Höhere gilt es in der Kunst zu erfassen, zu symbolisieren — dem innewohnenden Streben gehorchend. Wissenschaft, Kunst und Religion suchen die ewige Wahrheit — Gott.

Im großen gesehen sind die Unterschiede zwischen Wissenschaft, Kunst und Religion gar nicht einmal grundsätzlich, sondern eher nur methodischer Art. Man kann die Erscheinungen verstandesmäßig zergliedern und vergleichen, um die höhere Gesetzmäßigkeit zu erkennen, man kann diese künstlerisch erfassen, von vornherein mit der Seele sehen und sie damit erleben, um sie im Werk zu verkörpern und als solche sprechen zu lassen, und man kann schließlich dieser Gesetzlichkeit, ohne sie zergliedern zu wollen, dienen und sie als richtenden Maßstab für unser Leben erkennen.

Nur dann eben kann von Kunst gesprochen werden, wenn sie die Dinge in ihrer göttlichen Gesetzmäßigkeit, in einer höheren Rangordnung als nur in der Ebene der Realisation und Zweckhaftigkeit sieht. Dabei kommt es für den Kunstbetrachter darauf an, im Kunstwerk diese höhere Formel der vernünftigen Weltordnung zu ahnen. Schon jedes Streben in diesem Sinn macht den Menschen kulturwürdig, ohne daß der einzelne selbst schaffender Künstler zu sein brauchte. Ein Mensch, der religiös ist, dient seiner Menschenwürde genau so wie ein wahrhafter Künstler oder Wissenschaftler im obigen Sinn.

Es ist gleichgültig, ob das Ewige, Heilige in der harmonischen Tonkunst gesucht wird, ob der rhythmisch gegliederte Fluß der Ewigkeit im Ornament eingefangen, ob der Raum durch die Baukunst erobert und gegliedert wird oder ob man das ewig

Gültige auf die Malfläche bannt — alle Kunstgattungen wollen ja im Grunde dasselbe. — Für die Malerei kommen als Ausdrucksmittel nur die Linie und die Fläche in Betracht, der Raum hingegen bleibt dem Licht. Die Linie ist dabei genau so wichtig wie die Fläche, und beide sind voneinander nicht zu trennen. Es wäre unmöglich, nur in Flächen zu malen und die Farben als solche zum Gegenstand der Kunst zu erheben, genau so unsinnig, als wollte man versuchen, den ganzen Raum mit Steinen auszufüllen oder eine Linie als Gerade in den Raum hinauslaufen zu lassen. Ein Bild ist notwendigerweise ja immer begrenzt, und schon das zwingt dazu, die Fläche zu gliedern. Auch in der Natur gibt es keine Farben an sich, und selbst den blauen Himmel allein könnte man nicht im Bilde darstellen, da er ja gerade durch seine Unbegrenztheit ausgezeichnet ist, das Wesen der blauen Farbe (ihre Fernsucht) ideal verkörpernd. Farben finden sich in der (organischen) Natur immer mit der Form vereint, und diesem Gesetz muß sich die Malerei beugen. Künstlerisch auffassen heißt aber nicht, die Natur abmalen, etwa in dem Gedanken, daß man damit den natürlichen Gesetzen ja am besten dient. Nein, es gilt das Gesetz zu finden, das die Farbe mit der Form vereint, und dem Wesen der Farbe in bezug zur Form allgemeingültig gerecht zu werden, also die Zufälligkeiten zu vermeiden, um ein Sinnbild zu schaffen. Sinnbild kann unter Umständen das kleinste Blümchen werden, wenn es nur einen Hochgedanken auszusprechen vermag und so dargestellt wird, daß es eben spricht.

Die Natur zu kopieren kann also niemals Aufgabe der Malerei sein, denn sonst müßte das Lichtbild das Gemälde ganz verdrängen; die Photographie bürgt ja für unbedingte Naturtreue — oder nicht? Hat sich nicht jeder doch schon auf einem Bilde unähnlich gefunden? Aber kann denn der Apparat lügen? Nein, der Unterschied zwischen Lichtbild und Gemälde ist grundsätzlich: die Aufnahme gibt Momente wieder (je kürzere, oft um so besser!), das Gemälde aber faßt viele Momente zu einem Ruhenden, Gültigen zusammen. Der Maler malt doch nicht nur die äußere Form, er beachtet nicht nur Licht und Schatten, Farbe und Umgebung, sondern er stellt in seinem Bilde den Menschen dar, also nicht nur dessen Umrisse, sondern auch dessen Seele. Der Apparat kann nur mechanisch Linien und Helligkeiten übertragen, er fängt bestenfalls nur einen charakteristischen Einzelzug auf, die Szene des Augenblicks, an die sich der Maler nicht zu halten braucht; im Gegenteil, dieser hält einen Wesenszug des Menschen fest, den er freilich nur nach Bekanntschaft mit seinem Modell herausarbeiten oder besser empfinden kann. Ein jeder trägt ja von Vater und Mutter, von Mann und Frau, überhaupt von einem näherstehenden Menschen ein Bild in seinem Inneren, das so zart und fein ist, daß man es ein Seelenbild nennen könnte. Die Züge aber, die dieses Bild trägt, sind das Ergebnis einer Seelengemeinschaft, eines wirklichen Kennens und Eindringens in das Wesen jenes Menschen. Unser Innenbild zeichnet keine zufällige Geste und Bewegung, sondern immer etwas allgemeiner Gültiges. Wir haben den Bekannten in unsere Seele aufgenommen, nicht rein mechanisch und meßtechnisch, wie das die früher (S. 91) erwähnte Sehtheorie wollte, nicht daß unserem Hirn ein bestimmtes Momentbild Punkt für Punkt wie ein Funkbild übermittelt wird. Nein, wenn die Mutter ihr Kind anlacht, so lacht das Kindchen wieder; keineswegs aber deshalb, weil es die Züge der Mutter als freundlich erst deuten müßte (auf Grund einer Erfahrung), sondern weil seine Seele im gleichen Takt mitzuschwingen beginnt. Dieses S e h e n m i t d e r S e e l e, dieses Erkennen und Erleben in Einem, das ist aber das S e h e n d e s K ü n s t l e r s. Das Erlebnis ist immer Voraussetzung für die Kunstgestaltung, und das innere Bild verdankt sein Dasein ebendiesem Erlebnis. Vielleicht erlebt der Maler in einem Menschen das Hochgefühl der Liebe, die eherne Burg des Vertrauens, die feste Hand der Kameradschaft, oder er erlebt in einer Abendstimmung die Freudenbotschaft des Friedens. Dann kann ihn der äußere Anlaß zur Gestaltung drängen, wobei sich das innere Bild mit dem äußeren vermählt. Dieses innere Bild kann aber so mächtig sein, daß es auch ohne äußeres, von sich aus, geboren werden kann, und die Darstellung nur rein symbolisch Menschen oder Landschaften benutzt. Irgendwie Symbol, reiner oder teilweise, ist das Dargestellte in der wirklichen Kunst ja immer. Der Gegenstand wird aus dem Zufälligen in die Würde des Allgemeingültigen erhoben und in der Seele des Künstlers, damit aber auch in der Rassenseele gespiegelt. Aber über alle rassischen Unterschiede hinweg, die mehr in der Auffassung und in der Erlebnisart liegen, wollen große Kunstwerke doch immer nur das Ewige und die göttliche Gesetzmäßigkeit darstellen — man vergleiche etwa unsere Renaissancemalerei mit der Sungmalerei Chinas! Der Chinese erschüttert uns nicht durch seine Bilder (die einzelne Menschenseele spielt in diesem ungeheuren Land keine Rolle, sie ist nach der Brahmanlehre ja auch nur ein Teil der Allseele), weil er eben die dauernde Seligkeit im Nirwana sieht, im nichtmalbaren Nichts; der nordische Künstler aber z. B. kennt den erlösenden Gott, den durchaus darstellbaren Himmel, den Götterberg. Deshalb spiegelt sich in den Kunstwerken beider Rassen nur die innere Haltung zur Ewigkeit. In der chinesischen Landschaft (Muchi!) gibt es nichts Zufälliges, nichts, das man ohne Schaden für das Ganze nehmen könnte — und ebenso ist das auch mit den inhaltlich gar nicht zu vergleichenden dramatischen Schöpfungen großer nordischer Meister. Form und Farbe sind allgemeingültige Symbole; so wie sie sind, müssen sie sein, unbeschadet einzelner Kunstrichtungen, die sich aber in Europa nicht dauernd erhalten haben und erhalten werden. Schwierigkeiten im Vergleich der ostasiatischen Malerei mit der unsrigen liegen zum Teil auch an einer unterschiedlichen völkischen Einstellung zur Kunst. Für den Ostasiaten ist die Malerei weit mehr Ausdruck der Volksseele als bei uns, wo viel mehr das musikalische Gehör auf Kosten des künstlerischen Sehens entwickelt ist. Schon jeder, der bei uns seine Stimmung durch Singen und Pfeifen kundgibt, beweist, wie viel mehr wir zur Musik als künstlerischem Ausdruck neigen. In China dagegen beschäftigt sich fast jeder mit Malerei. An Stelle unserer stimmungsvollen Dome mit ihrem Kerzenlicht und rauschendem Orgelspiel stehen hier Malereien und Schnitzwerke in schmucklosen Hallen verwahrt. Wir dürfen daher China eigentlich nur mit der Zeit vergleichen, ehe unsere großen Komponisten auftraten und wo der bildende Künstler an erster Stelle stand. Das Ergriffensein durch ein Bild kennt man heute bei uns nicht mehr so allgemein, wie es wohl vor und in der Renaissancezeit da war; so wie uns eine Symphonie von Beethoven packt, kann uns kaum ein Gemälde seelisch erschüttern — wohl aber ist für den Chinesen der Anblick eines Bildes auch heute noch immer ein besonderes und starkes Erlebnis. Ganz fremd steht der Ostasiate dem naturalisierenden „wissenschaftlichen“ Malen unserer Tage gegenüber, auch der Impressionismus muß ihm im großen und ganzen unverständlich bleiben. Hier wird der Vergleich zwischen chinesischer und europäischer (besonders nordischer) Kunst noch schwerer, als es zur Zeit Dürers, Altdorfers, Grünewalds, Raffaels, Lionardos und auch noch Böcklins war. Wir kommen darauf noch zu sprechen.

Einen gemeinsamen Blickwinkel für die klassische deutsche und italienische Malerei sowie für die chinesische Kunst, die sich ja im wesentlichen bis heute nicht grundlegend verändert hat, sondern immer noch an die Tradition anknüpft, erhalten wir leichter, wenn wir die Behandlung der Farbe betrachten. Allerdings dürfen wir hierbei die Malerei der Mongolenzeit (1280—1368) ausschließen, denn hier verliert die Komposition nach inneren Notwendigkeiten zugunsten der äußeren Beeinflussung ihren strengen Charakter, und ein kleinlicher Naturalismus mit Genrebildchen von Blumen und Vögeln (die gar nicht mit denen der Tang- und Sungmeister wetteifern können) macht sich breit. Aber wie die Mandschumalerei und deren Fortführung bis heute zeigt, war dieser Realismus für China kein neuer Weg, denn sonst wäre man heute nicht in der altüberlieferten Form, oft zu starr, wieder steckengeblieben, sondern man hätte sich — seit dem 16. Jahrhundert — doch zu irgend etwas anderem durchringen können.

Der klassischen chinesischen Malerei geht es nicht um die Darstellung von Schattenwirkungen und Lichtreflexen. Auch kennt sie — ähnlich wie das europäische Mittelalter — keine eigentliche, oder doch wenigstens beherrschende, Perspektive, sondern läßt die Farben selber ihre Nah- und Fernwirkung (blaue Berge im Hintergrund!) aussprechen. Die Gesichter[1]) entbehren der Plastik; sie sind, wie auch in der frühitalienischen und gotischen Kunst, um ihrer selbst willen da, nicht um sozusagen die Schattenwirkung daran zu studieren. In der har-

[1]) Für die Chinesen spielt das Gesicht allerdings oft keine große Rolle, wie die Menschen überhaupt sehr häufig gar nich in die Landschaftsbilder hineingehören — (oder doch nur sehr von „obenher“ dargestellt werden) — man vergleiche das Bild „Abendgeläut eines chinesischen Tempels“ von Muchi mit dem „Abendfrieden“ Millets, bei dem die betenden Gestalten die wahre Stimmung erst erfüllen helfen!

monischen Zusammenstellung der Farben erreichen die Chinesen eine wunderbare Vollkommenheit. Am eindrucksvollsten scheinen mir die Bilder der Naturmaler aus der Sungzeit und auch der Tangzeit die Farbenharmonie wiederzugeben; man denke an die Lotosblumenbilder von Hsü Hsi, auf denen nur Purpur und Grün vorkommt, also die vollendete Farbenpolarität. Auch gibt es Vogelbilder, wo nur Rot und Grün herrscht, dazu eine von den Blättern ausgehende, das Ganze erwärmende Orangeglut hindurchleuchtet. Häufig bildet ein brauner Seidenhintergrund den Abschluß, also eine Farbe, deren Wesen als Keim und Ende, als fruchtbarer Boden sehr gut zum Hintergrund eines Bildes paßt. Gerade in der Sungzeit (960—1280) wird es klar, wie der Chinese in seinen Bildern nicht die Natur selbst kopieren will, sondern wie es ihm darum geht, die Seele der Natur, die für ihn ja in allen Erscheinungsformen lebt, wiederzugeben. Er will das Ewigkeitsmoment in Schönheit und Ruhe darstellen, ein Kunstwollen, das — sofern der Vergleich überhaupt erlaubt ist — mit der Bachschen Fugenkunst auf eine Stufe zu stellen ist, bei der es auch nicht um dramatische Bewegung und menschliche Erschütterung geht, sondern in der die erhabenen, geradezu übermenschlichen ewigen harmonischen Gesetze sich offenbaren wie in einem Werk der Natur selber. In diesem Sinn könnte man die erwähnte Malerei als eine absolute Malerei bezeichnen; sie ist nicht mitgerissen vom Feuer der Leidenschaft, noch untragisch und undramatisch, auch noch nicht von einer Erlösung, überhaupt von Schicksal kündend, sondern einfachste und erhabenste Darstellung der Form- und Farbenharmonie.

Diese innere Notwendigkeit der Farbengebung und Formgestaltung tritt uns wieder bei den Malern der Renaissance entgegen, wenn auch hier der Schritt vom Typischen zum Individuellen, vom Bloß-Gegebenen zum Ereignis, von der gelassenen Objektivität zum innerlichen Aufgewühltsein unverkennbar und sogar wesentlich ist, wodurch natürlich ein unmittelbarer Vergleich mit China nicht statthaft erscheint. Nur in dem Punkt aber ist der Vergleich möglich: die Renaissancemeister kennen die Beherrschung von Form und Farbe, wissen um die Ausgestaltung der Fläche als Grundbedingung jeder Malerei. Vom Flächenhaften zur Tiefe, vom Linearen zum Malerischen geht ja auch im Kleinen wieder der Weg innerhalb der Renaissancemalerei und von der Renaissance zum Barock, wo der Gestaltungswille, das Beteiligtsein des Schöpfers an seinen Bildwerken immer deutlicher hervortritt, weshalb nicht zuletzt auch der rassische Charakter klarer wird und sich somit ein Vergleich mit China um so mehr verbietet[1]).

Wie organisch die alten nordischen Meister die Farben auffaßten, geht schon daraus hervor, wie häufig sie diese (besonders Grünewald) aus Licht und Finsternis heraus entwickelten. Der gleichzeitige Gegensatz zwischen Hell und Dunkel, Farbe und Gegenfarbe, ebenso die Zuordnung der Farben zu Licht und Finsternis ist in der Tat immer wieder großartig. Wie stehen sich bei dem Kreuzigungsbild Grünewalds Rot und Grün, Licht und Finsternis gegenüber — in sich schon das Geschehen symbolisierend! Das Rot der Mäntel ist irdisch-aktiver, der grünliche Leichnam des Gekreuzigten betont die Verwesung, das Stoffliche, das aber nicht eigentlich tot im Sinne absoluter Finsternis ist, sondern nur als das tote Bild des Stoffgebundenen im Lebendigen bezeichnet wurde (vgl. S. 37). Gerade auf diesem Bild deutet die grüne Verwesungsfarbe geheimnisvoll schon wieder auf die Auferstehung. — Bei „Maria in der Glorie mit dem Engelskonzert" herrscht, worauf P. Kaemmerer[2]) aufmerksam macht, eine Harmonie auf der Plusseite des Goetheschen Farbenkreises, durch Anwendung von Gelb, Gold, Rot neben Blau, bei nur geringer Verwendung von Grün. Auch auf dem Bild der Verkündigung entwickelt sich aus dem Lichten und dem ihm nahestehenden Gelben eine Steigerung zum Purpurrot als der höchsten Farbensprache, in der das Irdische (vom Grünen Ausgehende) zum Überirdischen, rein Seelischen und Innerlichen geworden ist. Grünewalds Lichterscheinungen sind immer neben der gelben, geistigstrahlenden Farbe auch mit dem überirdischen Purpur verbunden, so bei dem Auferstehungsbild, wo ein purpurner Kreis das durch die Körperachsen des Heilands gebildete Kreuz und den von ihm ausgehenden gelben Schein umspannt. Dieser

[1]) Vgl. hier die Entwicklung in der Musik Bach — Mozart — Beethoven — Wagner und mein Buch „Harmonie und Rhythmus in Natur und Kunst". Oldenbourg-Verlag 1937.

[2]) Auge und Sehkraft, Geiselgasteig 1929.

Purpurkreis grenzt — ganz im Sinne unserer oben entwickelten Vorstellungen — an die Finsternis, die sich dem Purpur zunächst als blau farbig darstellt (Blau als Buntheit mit Bezug zur Finsternis). Die Bewegung des Ganzen, das Auffahren Christi, wird wieder durch das irdische leuchtende Rot des wehenden Mantels versinnbildlicht, während die hellblau und blauviolett gehaltenen Leichentücher das „Wegtragen" unterstreichen. Man stelle sich einmal vor, die Farbe des Tuches unter den Füßen sei rot, braun oder grün, dann hätte man den Eindruck, Christus stände darauf, würde aber nicht mit ihnen von dannen getragen. Das geöffnete Grab ist in erdbraunen Tönen gehalten, so wie es sein „muß". Nirgends ist etwas Zufälliges in der Farbengebung zu spüren; alles überzeugt von seiner inneren Notwendigkeit und von seiner wahrhaften „Natürlichkeit". Form, Farbe, Inhalt sind in vollendeter Harmonie zusammengebracht.

Purpur als die würdigste Farbe, die eigentlich die ganze Buntheit potentiell enthält (S. 55), tritt uns bei Michelangelo (Erschaffung Adams), bei Raffael, Cranach (Mütterlichkeit) u. a. immer wieder im gleichen Sinn entgegen. Interessant ist auch die Verwendung des Grünblau, das sowohl bei Raffael wie auch Grünewald, Dürer und Cranach die kennzeichnende Farbe der Mutter Maria ist, und zwar nicht bloß wegen des historisch überlieferten blauen Mantels, sondern aus innerer Notwendigkeit. Denn Blaugrün ist ja, wie wir sahen, die Symbolisierung des noch keimhaften irdischen Lebens (Morgendämmer!). Adam liegt auf Michelangelos Erschaffungsbild auf grünblauem Polster (grüner Rasen, dahinter angedeutet blaue Berge), während das sich herniedersenkende Erhaben-Göttliche in einem purpurnen Tuch prächtig daherwallt. Aus der Vermählung (Berührung der Finger in der Mitte des Bildes) ersteht das Leben, das Stoff und Seelisch-Geistiges umfaßt. Ganz dieselbe Farbengebung treffen wir in Cranachs „Mütterlichkeit", wo zwischen dem blaugrünen Mutterschoß und dem von Engeln gehaltenen Purpurtuch des Menschen Sohn (farbig absolut neutral) steht. — Auf dem Raffaelbild der Sixtinischen Madonna sehen wir die Farben Purpur und Blau im Gewand der Maria vereint, der Vorhang aber, der das göttliche Geheimnis lüftet, ist dunkelgrün gehalten.

Übrigens ist auch bei Caspar David Friedrichs Kreuzigungsbild im Gebirge das Göttlich-Erhabene durch die Purpurwolken angedeutet, die im Gegensatz stehen zu dem irdischen Braun und Grün.

Immer wieder finden wir in der nordischen Malerei dieses tiefe Verbundensein mit dem Wesen des Farbigen. Ich erinnere an die Verwendung des Gelben und Weißen[1]), um das Ausstrahlende auszudrücken (Heiligenschein), das Rot der Bewegung. Man denke an die Rot- und Gelbtönung als Ausdruck der vertikalen Aufwärtsbewegung in der „Unbefleckten Empfängnis" Murillos oder in der „Psyche" Prudhons. Farben drücken bei Tizian (wie in der Natur, im Wesenhaften vergleichbar) Bewegung aus, Dynamik, Gefühl, nicht aber impressionistisch gesehene Eindrücke, denen notwendig etwas Zufälliges anhaften muß.

Für die Entwicklung der abendländischen Kunst bedeutet das Jahr 1500 gewiß einen Wendepunkt. Im Mittelalter stellten die Farben magisch erkannte absolute Werte dar, die die Kunst eigentlich noch nicht durchdringen konnte. Mittelalterliche Farbkunst drückt sich ihrer Haltung nach in der edelsteinbesetzten Pracht der Buchdeckel, im reinen göttlichen Goldgrund, überhaupt in den ungebrochenen Farben aus, deren Zusammenhang durch rein farbgesetzliche Abstufungen gewährleistet wurde. Die Vorliebe für Edelsteine gestattet sogar einen scheinbar fernliegenden Vergleich mit dem natürlichen Farbgesetz, das die Edelsteine beherrscht und das wir in der Erreichung und im Erstreben der Allfarbigkeit, der in sich geschlossenen Farbharmonie erkannten (S. 100). Wieder drängt sich uns ferner der Vergleich mit der Bachschen Musik auf, die die absolute göttliche Ordnung ohne Hinzugabe des verwerteten Eigenerlebnisses darstellt. Im Sinne unserer Ausführungen in „Harmonie und Rhythmus" könnte man hier auch von einer mechanischen oder besser statischen Phase des malerischen Kunstwollens sprechen, die erst nach dem 14. Jahrhundert in die organische Phase übergeführt wurde, eine Tat, an der besonders Giotto wesentlichen Anteil hat. Giotto erst individualisierte die Farbe, wodurch er den absoluten Farbwert minderte, zugleich aber die

[1]) Vgl. S. 119 die weißgelben Blüten mit ihrem strahligen Bau.

formale Abhängigkeit der Farbe betonte und eine Durchgeistigung des Farbigen anbahnte, die dann im 16. Jahrhundert ihren höchsten Ausdruck, vor allem bei Tizian fand[1]). Im 16. Jahrhundert wurden nach Überwindung des Pigmentcharakters der Malerei die schöpferischen Kräfte im Sinn eines neuen Lebensgefühls erlebt und gestaltet. Alles wird Bewegung, Dynamik. „Das Absolute der Farbe, das Giotto in seiner unmittelbaren Göttlichkeit überwand, kehrt wieder in der persönlichen Gestalt des Genies" (Hetzer). Tizian vor allem verwirklichte die weltanschauliche Einheit von Geist und Materie.

Dieses einbrechende dynamische Farbgefühl konnte in der Farbgebung nicht ohne Folge bleiben. Vor allem scheint mir der Harmoniebegriff, den wir als statisch und dynamisch möglich erkannten (S. 70), hier eine wesentliche Wandlung durchgemacht zu haben. Schon Giotto bevorzugt nicht mehr die universelle Harmonie (Allfarbigkeit), sondern baut manche seiner Werke auf den Blau-Rot-Kontrast, also auf eine typisch dynamische Polarität auf, etwa „Die Himmelfahrt des Johannes", wo bei dem rechts vom Grabe stehenden Menschen eine seinem himmelwärts gerichteten Blick entsprechende blaue Farbe gewählt ist, während der andere — am Boden — das erdnahe Rot aufweist. Auf die zwei verschiedenen Möglichkeiten der Farbenharmonie (der universellen und polaren), die uns ja immer wieder in der Natur entgegentrat, sei kurz noch eingegangen. Raffaels Frühwerke und ebenso Giorgiones meisterhafte Farbenkompositionen neigen mehr zur allfarbigen Erfüllung; der reife Raffael und Tizian (auf seinen Bildern zwischen 1515 und 1530) greifen hingegen zur Rot-Blau-Polarität, die sich oftmals innerhalb eines Werkes aus verschiedenen Stufen und aus Grau- und Brauntönen (die potentiell die farbigen Höhepunkte in sich tragen) läutert und deren Farben an sich gar nicht einmal rein quantitativ zu überwiegen brauchen, sondern lediglich für die Grenzen und bildwichtigen Punkte von Bedeutung sind. Im Gegensatz zum dynamischen Rot-Blau-Kontrast wird die mehr statische Rot-

[1]) Für die Entwicklung der Farbe bei Tizian und für dessen Einfluß auf die zeitgenössische und folgende Malerei vgl. das ausgezeichnete Buch Theodor Hetzers, Tizian. Frankfurt 1937.

Grün-Polarität weniger häufig angewandt, aber bezeichnenderweise dort, wo das Irdische im Vordergrund steht (Giorgone gibt auch der Maria einen grünen, keinen blaugrünen oder blauen Mantel!). Typisch für die Verwendung des Rot-Grün-Kontrastes sind außer Giorgione vor allem Caravaggio und Jan van Eyck. Auch das byzantinische Mittelalter hat diesen entspannenden Kontrast sehr wohl gekannt. Das Rot Giorgiones ist nicht innerlich und sehnsüchtig nach Purpur hin abgestimmt, sondern irdisch, ziegelrot, voller Lebensfreude — für diesen Meister ist die Farbe, wie Hetzer betont, auch nicht allein Offenbarung göttlicher Geheimnisse. Die Rot-Grün-Polarität hat etwas Irdisch-Vergängliches, die Rot-Blau-Gegenüberstellung hingegen etwas Bleibendes, etwas, das von göttlicher Wirkkraft zeugt.

Die allgemein mehr organische Durchdringung des Farbigen, durch die der Ausdruck des Ewig-Gültigen erreicht wird, verliert im 17. Jahrhundert an Kraft des Unbedingten; bei Rembrandt, Rubens, Tintoretto, van Dyck usw. wird die Farbe mehr Teil des Bildes, aber dennoch leben diese Meister noch geistig durchaus in der Farbe, wenn man auch nirgendwo außer bei Tizian das Licht so ausgesprochen in der Farbe selber lebend erblickt. Gerade darin aber, daß bei Tizian das Licht eine Eigenschaft der Farbe wird, erkennen wir einen Höhepunkt der Malerei überhaupt; denn auf der Malfläche muß auch die dem Raum hinzugehörende Eigenart des Lichtes dargestellt sein, das Licht muß durch das Farbige ins Zweidimensionale projiziert werden: dadurch aber werden die Farben im wahrsten Sinn erst Sprache des Lichts, Offenbarungen des Lichts. Wie in der Natur das Licht durch die natürlichen Schöpfungen in Farben spricht, so spricht es auch in der höchsten Farbkunst durch deren Schöpfungen in der Farbe.

Beim Anlegen eines solchen Maßstabes erscheint allerdings die Malerei des 19. Jahrhunderts als ein Verfall. Anfangs wird der Farbe nur ihr stofflicher Charakter genommen; sie soll einen Eindruck von etwas Fertigem vermitteln, deshalb ist sie aber auch nicht mehr wirklicher Bestandteil des Bildes; sie gilt nichts mehr als Farbe an und für sich, nur ihr optischer Wert entscheidet noch. Die innerliche Durchdringung von

Farbe und Form geht verloren, von der Arbeit des Pinsels bleibt nicht mehr viel zu sehen: die Farben sind schwebend geworden wie die prismatischen Farben, die man auch ganz „unverarbeitet" und unorganisiert anzutreffen und zu betrachten pflegt. Hand in Hand mit dieser Einstellung zur Farbe geht auch die rein handwerksmäßige enge Bindung zu ihr verloren — anstatt sie selbst zu reiben, kauft man sie fertig in der Tube, anstatt daß das Ausgangsmaterial je nach der Farbe verschieden ist, nimmt sich die Industrie der Farben aus Stein, Erde und Pflanzen an und uniformiert deren Gepräge; sie tötet ihr Wesen, um wiederum nur den optischen Eindruck zum Götzen zu erheben. Kein Wunder, daß auf den Bildern die Farben auch nicht mehr im Rhythmus und Sinn der schöpferischen Naturgesetzlichkeit erscheinen, sondern lediglich auf die Dinge, die dargestellt werden sollen, bezogen sind. Das Bild lebt nicht mehr sein eigenes künstlerisches Leben, sondern ist nur Ersatz, Hinweis, bestenfalls Freude am Wirklichen. Diese Freude an der Farbe — mitunter auch wohl nur an ihrem sinnlichen Reiz — bestimmte weitgehend das Schaffen vieler hervorragender Impressionisten.

Jedoch verließ man mit dem Impressionismus nur allzu leicht das Wissen um das Urbild der Farbe, um ihre höhere Symbolik und Eigengesetzlichkeit. Irgendwie wirkten sich auch die physikalischen Vorstellungen auf die Behandlung der Farbe aus; man entkleidete das Objekt aller seiner Hüllen, bis man bei Atomen und Elektronen stehenblieb, bei Energieklümpchen und Wellenstrahlung, in die man Materie und Licht verwandelt hatte. Daß allerdings in den Farben nichts weiter steckte als eine Wellenschwingung bestimmter Frequenz, daß das alles umfassende Licht nur die Summe dieser bunten Farben sei, konnte den Künstler nicht befriedigen, denn er faßte von Haus aus Farbe und Licht als Urphänomene auf, die nur in ihrem Wesen selber noch zu studieren waren, denen man aber durch physikalische Sektion nicht näher kam. Und trotzdem hatte die Newtonsche Vorstellungswelt einen Einfluß — wohl mehr mittelbar — auf die Kunst. Bedenkt man, daß auch beim Impressionismus eine Auflösung der Farbe in einzelne Teile, eine Zerlegung der Form in Pinselstriche stattfand, die die Netzhaut nach Belieben mischen durfte, dann wird diese Gleichartigkeit der Denkungsart deutlich. Es lockte das Motiv durch seine farbigen Reize, die man als solche — so wie es der bloße Eindruck wies — zum Gegenstand der Kunst erhob. Diese Einstellung behielt man aber auch dann bei, wenn es eigentlich gar nicht darauf ankam, dem Farbenspiel gerecht zu werden, sondern wenn etwa ein Gesicht Kunstgegenstand werden sollte, das dann ebenfalls — sehr im Gegensatz zu den alten Meistern — in Farben, Reflexe und Schatten aufgelöst war und kaum mehr in erster Linie als Gesicht wirkte, was es doch hätte sein sollen. Lockt das Spiel der Lichter, dann wäre ein farbensprühender Edelstein der gemäße Kunstgegenstand, der das Phänomen des Farbenspiels am reinsten, urbildhaft, kündet. Auch in einem sonnendurchfluteten Wasserfall wäre die Vereinzelung der Farben eine organisch-künstlerische Notwendigkeit.

Nun soll damit beileibe nicht schulmeisterlich festgestellt werden, daß der Impressionismus keine reine Kunst sei — wir haben besonders aus Frankreich und Deutschland hervorragende Kunstwerke in unseren Sammlungen, die man schlechtweg als impressionistisch abstempelt, wie es auch unter den gemäßigten Expressionisten bemerkenswerte Künstlerpersönlichkeiten gab —, denn der wahre Künstler gelangt eben ganz intuitiv auch bei impressionistischer Auffassung wieder zu organischen und innerlich notwendigen Farb-Formverbindungen. Wer gerecht urteilt, wird auch dem Expressionismus Kunstwert dann zugestehen, wenn dabei ein Meister am Werk ist, dessen subjektive Farben- und Formempfindung (Expressionismus ist ja eine stark individual-subjektive Kunstrichtung) sich mit dem harmonischen („objektiven") Gesetz deckt. Impressionismus und Expressionismus gehören eigentlich immer zusammen und bilden die Grundlagen einer Kunstäußerung, denn Anschauen und Ausdrücken sind die Vorgänge des malerischen Schaffens. Jedes Herausreißen aus der organischen Einheit bringt aber eben die Gefahr mit sich, den sicheren Halt und Blick für das wirklich Künstlerische zu verlieren. In der Tat haben sich unter der Parole „Auflösung der Farbe und Form" Dilettanten ans Werk gemacht, die sich ihre Arbeit zwar teuer bezahlen ließen, im Grunde aber doch die Kunst zum besten hielten. Nachdem man im Deutschland Adolf Hitlers die Geisteskrankheit vieler Nachkriegsmalereien erkannte und die Verirrungen des Futurismus und Expressionismus aus den Museen warf, ist ja das Verständnis für die Unterscheidung wahrer und entarteter Kunst auch in breiten Kreisen immer mehr gewachsen, und der einfache Mann braucht sich heute nicht mehr zu schämen, wenn er einer Farbenkleckserei keinen Kunstwert beizumessen vermag. Alle diese Entartungen waren letztlich Folge einer Schwächung des Volkes und (wie ja auch die außerdeutsche Entwicklung zeigt) des allgemeinen Niedergangs der Malerei nach Böcklin und Menzel. Der französische Impressionismus eroberte sich die Welt; wie die Physik im Geiste Newtons Goethesches Denken totschlug, erhob sich das Richtschwert auch gegen diese deutschen Meister. Es hatte sich eine Riesenkluft aufgetan zwischen Goethescher und Newtonscher Denkweise, zwischen deutscher Malerei und dem neu verkündeten Impressionismus und hernach Expressionismus, der — wie die atonale Musik — subjektiver Willkür Tür und Tor öffnete. Wie die Farbenstrahlen durfte jeder Ton in der atonalen Musik und in dem zum Pointillismus ausartenden Impressionismus seine eigenen Wege gehen; die von Goethe so heiß umkämpfte Einheit des „weißen" Lichts, die Harmonie, war als „Trugbild" entlarvt, denn nur der Teil war der Beachtung würdig, nicht das Ganze. Eine Denkweise, die für die Entwicklung der Technik und der Zivilisation von großer Bedeutung wurde — Goethes Forschungsweise hätte uns nie zum Fernseher und Elektronenmikroskop geführt — mußte notwendig für die Kunst fehl am Platze sein. Und so mußte man denn — wohl oder übel — mit zwei Maßen messen; Wissenschaft und Kunst, aber auch Natur- und Geisteswissenschaften waren durch einen tiefen Strom geschieden.

Diese Kluft läßt sich aber beseitigen, wenn man — wie angedeutet — nur zum tiefsten Grund dessen vorstößt, was Kunst und Wissenschaft eigentlich wollen: das Aufsuchen und Verkündigen der Wahrheit im allertiefsten Sinn. Dieser liegt immer im Erfassen der Ganzheit, des Phänomens selber. Wollen wir etwas Wissenschaftliches von der Farbe aussagen, so müssen wir sie betrachten in ihrem Wesen, müssen schauen, wie und wo es zum Ausdruck kommt; nicht aber dürfen wir uns anheischig machen, etwas über Farbe aussagen zu wollen, wenn wir diese in eine mit der Farbe nicht mehr zusammengehörige Wellenschwingung verwandeln, die an sich natürlich da ist und erforscht werden muß, die aber eben nicht die Grundlage für eine wissenschaftliche Farbenlehre sein kann und deren Erforschung erst recht nicht geeignet ist, Brücken zwischen Kunst und Wissenschaft zu schlagen. Nicht von den letzten durch Zerteilung und Zerdenkung gefundenen Bestandteilen müssen wir ausgehen, sondern von der Erscheinung selber. Und nicht vom Sehvorgang, wie er sich in einzelnen Stufen im Gehirn und Auge abspielen mag, wenn wir das künstlerische Sehen mit dem Sehen des Physiologen in Einklang bringen wollen, sondern es gilt die Ganzheit des Innen und Außen zu beachten, um zu allgemeingültigen Gesetzen, zur Wahrheit, vorzustoßen. Und in diesem Sinn dürfen wir auch heute noch Goethes Farbenlehre mit ihrem zwar sehr heftigen Angriff auf den „Obskuranten" Newton als wegweisend für eine neue, echt deutsche Zusammenschau von Wissenschaft und Kunst ansehen. Zwar wissen wir heute, daß es sinnlos ist, Newtons Arbeiten (die zu Goethes Zeit noch schwach gestützt waren) einfach als Gaunerstückchen abzutun, denn die weitere Forschung hat ihnen außerordentlich viel zu danken, aber wir wissen auch, daß der Streit Goethe—Newton der Kampf zweier „Weltbilder" war, von denen jedoch nur eins ein wahrhaftes Welt-Bild heißen durfte, und zwar das Goethesche, das die Welt dem Menschen in seiner seelisch-geistigen Einheit offenbaren konnte. Goethes anschauende Forschungsweise ist gewiß nicht unwissenschaftlich. Die Newtonsche und auch die heutige exakte Wissenschaft darf gleichwohl durchaus als erfolgbringend und berechtigt gewertet werden, wenn man nur dabei nicht vergißt, daß sie uns nie ein Weltbild geben kann, weil sie von vornherein die Welt nur von einem engen Gesichtspunkt (unter möglichster Ausschaltung des Menschen) sieht. Sie zweigt erst von der Goetheschen (wahrhaft kulturwürdigen) Wissenschaft ab und verliert sich in Sondergebiete, um letztlich das Material der Welt zu suchen, sie steigt in den Keller und vermag durch unterirdische Gänge die Häuser zu verbinden, kann aber nicht gleichzeitig von hohem Berge aus die Häuser und deren Lage zueinander überblicken. Sie zerlegt den Satz in Buchstaben und untersucht deren Einzelbau, um festzustellen, daß letzten Grundes alle Buchstaben auf die gleichen Linienelemente zurückzuführen sind, kann deshalb aber noch lange nicht den Satz lesen, d. h. verstehen, denn gerade im Anschauen des ganzen Satzes ohne Zerteilung offenbart sich erst der Sinn! Die Seele kann ein Anatom nicht finden, und suchte er den Körper um und um; sie steckt nur im Ganzen. Dies wissen wohl die Anatomen, aber immerhin scheint auf anderen Gebieten, wie etwa in der Farbenlehre und großenteils auch in der Biologie, der Wert des ganzheitlichen Denkens noch keineswegs voll erkannt worden zu sein, und auch gewisse Richtungen, die das Wort Ganzheit in schlechten Ruf gebracht haben, sind schließlich ebenso unbelehrbar wie die Naturwissenschaftler, die ihren Maulwurfsstandpunkt nicht aufgeben wollen, weil ihnen einfach das Organ fehlt, das zu erkennen, was kausalgesetzlich und mathematisch nicht zu beweisen ist, und die alles Suchen nach metaphysischer Vollendung ihrer eigenen Bestrebungen als mystisch hinstellen oder behaupten, als Naturwissenschaftler ginge sie das alles nichts an (Triumph des Spezialistentums und der Bequemlichkeit).

Für diese Wissenschaftler freilich war unser Versuch, Kunst und Wissenschaft in ein organisches, deutscher Überlieferung würdiges Weltbild einzugliedern und dies an Hand der Farbenlehre darzulegen, vergeblich!

Behalten wir das im Auge, was sich bei unserer Untersuchung über die Farben in der Natur, in der Symbolik und Kunst ergab, dann werden wir immer wieder die gleiche Sprache der Farbe vernehmen, die einmal (in der Wissenschaft) zu erkennen, andermal (in der Kunst) wieder sprechen zu lassen ist. Und es ist ja das Großartige einer solchen geschlossenen Weltanschauung, daß naturnotwendig die Farbensprache des Menschen dieselbe sein muß, wie sie in der Natur herrscht, denn der Mensch ist die höchste Erfüllung der Reihe gesteigerter Gestalten im Stammbaum der Entwicklung, in dem die eingegangenen Schöpferkräfte wieder frei werden, um im selben Sinn und Rhythmus wiederum schöpferisch tätig zu sein, einen gewaltigen Kreislauf schließend, der von der Sonne kommt und in der Verehrung der Sonne endet.

Der ewige Kreislauf des Lichts.

(Zusammenfassung.)

Nach der „klassischen" physikalischen Auffassung vom Weltgeschehen gab es keinen höheren Plan, geschweige einen Gott im kosmischen Werden und Vergehen. Alles war durch planlose Massenwirkung „erklärt", von wo aus sich eine unabänderliche Zufallskette anschließen ließ, die das Werden der Sterne, Steine, Pflanzen und Tiere, natürlich auch des Menschen darstellte. Die Masse selber, die allem zugrunde lag, konnte man sich immer weiter geteilt denken, ohne daß sie ihren Charakter zu ändern brauchte; das denkbar Kleinste durfte dann nicht mehr teilbar sein, man nannte es deshalb Atom. Aber nun zeigte es sich doch bald, daß die kleinsten Masseteilchen nicht schlechtweg wiederum bloß Masse sein konnten, sondern daß hier höchst seltsame Systeme von Urgebilden faßbarer Größe vorlagen, daß es einen Atomkern gab und negativ geladene Elektronen, ja auch noch neutrale und positive Teilchen, aus denen allen der Stoff letztlich bestehen mußte. Jedem Stoffelement entspricht ein positiv geladener elektrischer Kern, um den verschieden viel negative Elektronen kreisen oder schwingen, und zwar um den an erster Stelle des periodischen Systems stehenden Wasserstoffkern ein, um den Heliumkern zwei usw. Das periodische System der Chemie enthüllte sich so durchaus als etwas Planmäßiges, was schon die Vorhersagemöglichkeit neuer (im System noch fehlender) Elemente zeigt.

Die Urelemente des Stoffes sind bei weitem kein Stoff selber; es sind elektrische Ladungseinheiten, die bald als Nebel, bald als Korpuskel oder in Wellenstrahlung sichtbar und mathematisch faßbar gemacht werden können. In diese Gesellschaft der Urelemente, die stets eine gleiche Wirkungsgröße haben, gehören auch die Licht-Ur-Teile, die man Photonen nennt. Sie werden ebenso wie die Elektronen nicht von mechanischen Gesetzen beherrscht, die ja nur für Stoffliches gelten, sondern ihr Verhalten läßt sich nur statistisch, aber nicht im Einzelfall, vorausberechnen. In diesem vorstofflichen Reich, das sozusagen den Urzustand der Welt darstellt, gelten, wie v. Uexküll[1]) treffend sagt, keine mechanischen, sondern musikalische Gesetze; so beginnt das periodische System der Elemente mit einem Zweiklang, ihm folgt ein Dreiklang usf. Hier herrschen wirklich Pläne, die sich im Anorganischen und im Organischen, im Kristallblau und in der Geschlechtertrennung überall wiederfinden lassen; hier herrschen Pläne, die die Urgebilde, wie eine Melodie die Töne, in einen harmonischen Zusammenhang bringen. Durch diesen Zusammenklang besteht schließlich der Weltenbau.

Der gemeinsame Vorzustand von Materie und Licht legt die tiefinnerliche Verwandtschaft im gesamten Kosmos nahe. Die Sterne bestehen, soviel wir wissen, alle aus demselben Material, und es gibt nicht nur unsere Sonne als Lichtquelle, sondern auch die vielen, vielen Sonnen im Weltenraum, die bald heißer, bald kühler sind und bald weißeres, bald gelberes oder röteres Licht ausstrahlen.

Die erste Scheidung des Urzustandes von Stoff und Licht, jener unfaßbaren, geradezu geistigen Einheit der Welt, tritt in der Trennung von Licht und Finsternis dem Menschen vor Augen. Auf diese Urzweiheit beziehen sich Stoff, Leben und Geist. Materie und Licht sind gleichwohl untrennbar verbunden, denn ohne das Licht wird die Materie nicht sichtbar, und die Materie kann zur Lichtquelle werden. Überall, wo das Licht hinstrahlt, ist die Grundmöglichkeit des Lebens gegeben, dort auch treten nur Organe auf, die eigens für das Licht geschaffen sind, die Augen. Das höchste Produkt organischen Lebens ist der Mensch, denn in ihm kommt dieses Licht zum Bewußtsein. In ihm sammeln sich die Formgesetze, die das Kristallwachstum beherrschen, in ihm waltet das Sich-in-die-Zeit-Ergießen pflanzlichen Daseins und Wachsens, seine Gedanken umspannen unendliche Räume, wie das Licht, und sein Schaffen schwingt im ehernen Rhythmus des pulsierenden Kosmos, der immer nach harmonischer Erfüllung ringt, seitdem sich das „Chaos" schied in Licht und Finsternis, in die polaren Gegensätze des Plus und Minus, männlich und weiblich. So steht der Mensch im

[1]) Die neue Umweltlehre, „Die Erziehung", 13. Jahrg., H. 5.

Mittelpunkt seiner Welt, in Zahlen und Maßen unscheinbar gegenüber den Riesenläuften des Raums, und doch zentraler Knotenpunkt im lebendigen Werden und Vergehen. Der Mensch ist verwurzelt im Lebensreich, aus dem er wuchs, dem er die biologischen Gesetze, die ihn halten, zu verdanken hat; der Mensch ist aber auch verbunden mit dem Stein der Erde, die ihm Wohnung wurde, mit den Sternen, die nach musikalischen Gesetzen ihre Bahn beschreiten — alles ist ja mit dem Menschen zugleich geboren, als das Licht am Anfang ward. In ihm schlummerten der Kristall, das Leben, in seiner Einheit fließt alles wieder zusammen.

In der Wellenskala der elektromagnetischen Schwingungen, die alle im Licht aufgehoben sind, stellt das in Farbe sichtbare Licht nur eine Oktave dar. Aber gerade diese Oktave enthüllt das Geheimnis des Lichts am reinsten, denn die Farben allein zusammengesetzt ergeben schon die helle Flut des sichtbaren Lichts. Sie gerade wenden sich an das menschliche Auge. — Wie alle Wellenschwingungen sind auch die Farben im Licht aufgehoben, sie liegen nicht nebeneinander einfach da, aber jederzeit kann man sie hervorlocken. Dennoch genügt es nicht, die Farben nur nach Intensität und Wellenlänge zu bestimmen; denn damit hat man sie ja nur auf die Klaviaturwerte zurückgeführt. Ihre Melodie ist so noch nicht gefunden. Und die Klaviatur ist nicht die Ursache der Farbenerscheinung, denn die Harmonie bestimmt den Bau des Instruments, nicht umgekehrt. Wir müssen uns mit allen Sinnen den Erscheinungen erschließen, wollen wir sie ganz verstehen. Was nützte einem Tauben der Anblick eines Klavierspielers, das regelmäßige oder scheinbar sinnlose Anschlagen der Tasten? Und so haben wir uns auf Goethe besonnen und der ganzen Welt den ganzen Menschen gegenübergestellt. Wir haben nicht den Weg des Physikers gewählt, der alle Sinne auszuschalten strebt, um reine Zahlen, glatte Rechnung zu erhalten. Aber Harmonien kann nur der Musikalische verstehen — und der Weltenplan ist harmonisch durch und durch.

Gewiß, der mathematische Weg, den heute die exakte Physik geht, hat uns ungeahnte Erkenntnisse beschert, aber über das Wesen des Lichts vermochte sie uns kaum genügend aufzuklären; denn das Licht ist nun einmal durch die Sektion nicht zu fassen, sondern man erkennt es in seinen Äußerungen, im Wesen der Farben. Das Licht beherrscht Zeit und Raum, in denen sich die Natur erfüllt. Wir betrachteten den Kristall, der in vollendeter Klarheit nur durch das Licht ist, was er ist, der immer strebt, dem Lichte sich zurückzugeben, durch alle Farbentöne hindurch, durch den erfüllenden Gegensatz polarer Farbenpaare. Wir sahen in den Pflanzen die grüne Farbe als Bild des Lebens im Stofflichen sich aussprechen und erkannten, wie die Blüte in ihrer Farbenfreudigkeit wieder zum Licht findet, dem sie ihr Dasein verdankt. Wir bemerkten aber auch, wie die Farben der Blüte schon ihrem Wesen gerecht, also tätiges Ausdrucksmittel wurden, wie sich die Harmonie von Farbe und Form in den Blüten ankündigt, um erst in der Kunst ihre allgemeingültige, gesetzmäßige Form zu erhalten. Das Zeitliche spielte bei den Farben im Organischen eine Rolle, wie ja das Organische durch sein Leben in der Zeit, sein Wachsen und Reifen, sein Altern und Sterben selbst im Zeitlichen rein geoffenbart wird. Die Lebensstufen sind — oft Hand in Hand mit dem farbigen Ausdruck des Jahreslaufs in der Symbolik des Menschen — geleitet und begleitet von Farbenzeichen, und die Aktivität des Lebens kündete sich in leuchtenden bunten Farben, denen gegenüber das Grün der Pflanzen als Abbild einer Idee erschien ebenso wie das Purpurrot der Tiere, in deren Blut und Auge es wirkt und dort gerade die Fähigkeit des Sehens unterstützt. Das Sehen ist ein Sichhinwenden zum Anderen, damit aber auch eine wesentliche Daseinserfüllung dieses Anderen, soweit es sich im Lichte gibt oder selbst Licht ist. Beim Durchdenken des Sehwunders bemerkten wir die innere Entsprechung des Außen und Innen, die Gegenfarbigkeit wirkt im Auge wie außerhalb des Auges in der Natur. Das Auge ist ein Spiegel des Urpaares Licht und Finsternis. Beim Menschen ersetzt die farbige Innenwelt — durchs Auge ermöglicht — den farbigen Ausdruck am eigenen Leibe. Die Farben, die die Natur ihren Geschöpfen „aufmalt“, wirken sich beim Menschen nicht oder kaum mehr im Körperlichen aus; er ist dafür imstande, die Farben der Natur zu erleben, denen er nun gegenübersteht und die er in seiner Kunst zu neuem Leben erwecken darf. Das Bild aber, das wir letztlich erkennen, ist das des ewigen Kreislaufs des Lichts, das aus einem vorlebendigen und vorstofflichen Zustand in der polaren Urscheidung von Licht und Finsternis in Erscheinung tritt, um sich in der Welt in der Sprache der Farben immer wieder zu offenbaren. Den Rhythmus des Lichts übernimmt der Mensch aus der Natur und gibt ihm wieder seelisch-geistige Wirkkraft in seiner Kunst. Abermals tritt so aus dem vorstofflichen und vorlebendigen Zustand das Licht, und zum zweitenmal darf der Geist sprechen:

Es werde Licht!

Namenverzeichnis.

Die Stimme der Landschaft

VON HEINRICH FRIELING

133 Seiten, 7 Abbildungen, 6 Notenbeispiele. 1937. In Leinen gebunden RM. 4.20

Vier fesselnde Kapitel über die Mannigfaltigkeit der tönenden Natur. Frieling führt den Leser von den bloßen Erscheinungsformen fast unmerklich zum tieferen Begreifen der großen Gesetzlichkeiten, denen die Tierlaute unterworfen sind. Der Verfasser zieht die großen Linien, die vom einfachen Gezirp der Grillen bis zum seelenvollen Gesang der Nachtigall und zur menschlichen Sprache führen, und stellt die Welt des Schalls auf die gleiche Stufe wie das Reich des Sichtbaren.

Und wie die Formen und Farben der sichtbaren Erscheinungswelt biologisch sinnvoll aufeinander abgestimmt sind und mit der Umwelt eine Harmonie ergeben, die der Biologe mit dem Begriff Anpassung umschreibt, so gehören auch die Stimmen der Insekten, Frösche, Vögel und Säugetiere zusammen und zaubern jene beseelte Harmonie der Landschaft, deren Stimmungswert nur der künstlerische Mensch voll erleben und gestalten kann.

8-Uhr-Blatt Nürnberg: „Eingehend befaßt sich der Verfasser mit der Entwicklung und Ausbildung der Vogelstimme und bringt überaus verständige und wesentliche Erklärungen, wie überhaupt das ganze Buch uns die Stimme der Landschaft als Ganzes erleben läßt, als melodische Harmonie."

Ornithologische Monatsberichte: „In seiner philosophischen Durchleuchtung des naturwissenschaftlichen Stoffes ist dies ein Erzeugnis echt deutschen Geistes." (E. Stresemann)

Der Biologe: „Ausgehend von den anatomisch-physiologischen Grundlagen wird eine sehr gute Übersicht über die Entwicklung und Ausbildung der Tierlaute ganz allgemein und im besonderen für die Vögel gegeben und der „Landschaftsstil" der Tierstimmen herausgearbeitet." (G. Heberer)

Kulturkorrespondenz für Musik: „Ein Biologe gelangt hier von der Natur aus zur tönenden Kunst und enträtselt in anregender Arbeit die musikalischen Geheimnisse der Außenwelt."

Größenordnungen des Lebens

Studien über das absolute Maß im biologischen Geschehen

VON A. BERR

106 Seiten, 17 Abbildungen. 8°. 1935. RM. 3.—

Inhalt: Die Ameise und ihre „relative" Arbeitskraft. Die Muskelfrage. Pferd und Heuhüpfer. Körpergröße und Geistesgröße, Tierstaaten. Flug-, Fall- und Druckprobleme. Tierstimmen und Tiergröße. Schmerzempfindung, Fortpflanzung und Tiergröße. Erde, Statik und Pflanzendimensionen. Größe, Bauplan und Leistung der Tiere, besonders der Arthropoden. Empfindungsgrade. Die letzten biologischen Größenordnungen.

Warum könnte der Mensch vergleichsweise nie die Leistungen einer Ameise vollbringen, warum könnte ein Pferd nicht so hoch wie ein Heuhüpfer springen (wenn man nur die Größenverhältnisse betrachtet)? Kann und darf man überhaupt die Muskelleistung eines Insekts ohne weiteres mit der eines Säugetieres vergleichen oder den Flug des Vogels mit dem des Menschen oder gar einen Insektenstaat mit dem des Menschen? Nein — sagt der Verfasser und beweist es. Er zeigt, welcher Trugschluß in solchen Überlegungen liegt. So entstand eine höchst eigenartige Schrift, die den zugrunde liegenden allgemein bedeutsamen Gedanken der absoluten Begrenztheit aller wirklichen Maße an Hand von Beispielen, die oft verblüffend wirken, zwingend beweist.

Bestimmungsbuch für deutsche Land- und Süßwassertiere

VON LUDWIG DÖDERLEIN

Professor an der Universität München

Mollusken und Wirbeltiere. 193 Seiten, 118 Abbildungen. 8°. 1931. In Leinen geb. RM. 4.—
Insekten. Teil I: Käfer, Wespen, Libellen, Heuschrecken usw. 296 Seiten, 180 Abbildungen. 8°. 1932. In Leinen geb. RM. 6.—. Teil II: Wanzen, Fliegen und Schmetterlinge. 287 Seiten, 142 Abbildungen. 8°. 1932. In Leinen geb. RM. 6.—

Die vorliegenden Tabellen ermöglichen es jedem, auf einfache Weise und auf Grund leicht erkennbarer äußerer Merkmale bei einheimischen Tieren rasch und ohne fremde Hilfe ihre Namen zu finden, sowohl den wissenschaftlichen als den Vulgärnamen. Es werden keine fachlichen Kenntnisse vorausgesetzt, ohne Vorbereitung kann jeder sich leicht in unserer Tierwelt zurechtfinden. In den zahlreichen einzelnen Bestimmungstabellen ist das bekannte dichotomische System angewandt, indem jedesmal zwei einander ausschließende Fragen vorgelegt werden, die mit Ja oder Nein zu beantworten sind, zum Beispiel ob das Gefieder Gelb zeigt oder nicht, ob drei Zehen vorhanden sind oder eine andere Zehenzahl usw. Diese Merkmale sollen festgestellt werden. In aufeinanderfolgender Reihe führen diese Fragen schließlich automatisch zu dem gesuchten Namen einer vorliegenden Tierart.

Das Seelenleben der Fische

VON KARL JARMER

141 Seiten, 8 Tafeln, 5 Abbildungen. 8°. 1928. In Leinen RM. 3.—

Bücherei und Bildungspflege: „Über Bau und Lebensweise der Fische ist schon vieles geschrieben worden, ebenso über das Seelenleben der höheren Tiere. Aber als Träger seelischen Ausdruckes die Fische sehen zu können, wird nur wenigen vergönnt sein, die sich durch liebevolle Beobachtung in jene Geschöpfe hineindenken können, die den meisten als ganz stumpfe Tiere erscheinen, weil sie ihnen fremd und ungewohnt sind ... Das Buch, das zudem eine Fülle fesselnder Beobachtungen bringt, ist ein mutiger Schritt vorwärts auf dem Wege zu einer angemessenen Behandlung seelenkundlicher Stoffe. Es ist ihm deshalb weiteste Verbreitung zu wünschen.

VERLAG R. OLDENBOURG / MÜNCHEN 1 UND BERLIN

www.ingramcontent.com/pod-product-compliance
Lightning Source LLC
LaVergne TN
LVHW042242300926
849161LV00003B/434